计算机视觉入门到实践

[印] 阿布辛纳夫·达和奇（Abhinav Dadhich） 著

连晓峰 谭 励 等译

机械工业出版社

CHINA MACHINE PRESS

本书是你了解计算机视觉的一站式指南。利用Python、TensorFlow、Keras和OpenCV的功能执行图像处理、对象检测、特征检测等项目。通过对卷积神经网络的介绍，你将学习如何使用Keras构建深度神经网络，以及如何使用它对Fashion-MNIST数据集进行分类。关于对象检测，你将学习到使用TensorFlow实现简单的面部检测器，以及复杂的基于深度学习的对象检测器（例如Faster R-CNN和SSD）的工作原理。你也将学会使用FCN模型进行语义分割，并使用Deep SORT跟踪对象。不仅如此，你还将学习到在标准数据集上使用视觉SLAM（vSLAM）技术，例如ORB-SLAM。

本书适合希望以最实际的方式理解和实现与计算机视觉和图像处理相关的各种任务的机器学习从业人员和深度学习学习者阅读。

图书在版编目（CIP）数据

计算机视觉入门到实践 /（印）阿布辛纳夫·达和奇（Abhinav Dadhich）著；连晓峰等译 . —北京：机械工业出版社，2020.9（2022.1重印）

书名原文：Practical Computer Vision: Extract insightful information from images using TensorFlow, Keras, and OpenCV

ISBN 978-7-111-66229-7

Ⅰ.①计…　Ⅱ.①阿…②连…　Ⅲ.①计算机视觉　Ⅳ.① TP302.7

中国版本图书馆 CIP 数据核字（2020）第 137253 号

机械工业出版社（北京市百万庄大街22 号　邮政编码 100037）
策划编辑：林　桢　责任编辑：林　桢
责任校对：赵　燕　封面设计：鞠　杨
责任印制：邰　敏
北京富资园科技发展有限公司印刷
2022 年 1 月第 1 版第 2 次印刷
184mm×240mm ·12 印张 ·170 千字
标准书号：ISBN 978-7-111-66229-7
定价：69.00 元

电话服务　　　　　　　网络服务
客服电话：010-88361066　机　工　官　网：www.cmpbook.com
　　　　　010-88379833　机　工　官　博：weibo.com/cmp1952
　　　　　010-68326294　金　书　网：www.golden-book.com
封底无防伪标均为盗版　机工教育服务网：www.cmpedu.com

译者序

计算机视觉是研究如何使用人工智能系统从图像或多维数据中感知信息的科学，是通过计算机及其相关设备对生物视觉的一种模拟，其主要任务是通过对采集的图像或视频进行处理以获得相应场景的三维信息。计算机视觉是跨学科的综合研究领域，包括图像处理、模式识别或图像识别、景物分析、图像理解等，另外，还包括空间形状描述、几何建模以及认知过程。随着人工智能的发展，现已成为研究的热门领域。

全书共 10 章，涵盖了图像滤波与特征检测、目标分类与识别、检测与跟踪、视觉 SLAM、卷积神经网络学习模型等内容。本书首先介绍了计算机视觉的基本构成，以及在不同领域的应用。然后阐述了如何配置开发环境，以及常用软件库和数据集的安装。接下来讨论了各种图像滤波技术以及图像变化技术。特征是计算机视觉研究中的一个重要内容，因此本书详细介绍了 Harris 角点、FAST 特征和 ORB 特征检测与匹配等内容。然后，针对图像分类、检测识别问题，通过卷积神经网络、深度学习等方法，实现了各种学习模型。另外，还介绍了基于视觉 SLAM 的三维计算机视觉应用，以及相应的数学原理。在本书的最后，我们将讨论机器学习模型的评估方法及其应用。

本书作者具有丰富的开发经验，主要致力于针对图像分类、目标检测、分割等计算机视觉应用设计深度学习模型。全书内容丰富，具有较强的实践性，针对实际案例进行了讨论分析，给出了详细的代码与注释，适用于从事计算机视觉算法开发与实践的初学者和开发人员。

本书主要由连晓峰和谭励负责翻译，此外，赵宇琦、刘栋、史佳琦、吕芯悦、马子豪、任雪平、张斌、王子天、吴京鸿等人也参与了部分翻译工作。全书由连晓峰校正统稿。

由于译者水平有限，书中翻译不当或错误之处恳请业内专家学者和广大读者不吝赐教。

原书前言

计算机视觉是计算机科学中研究最为广泛的一个子领域,其中包括人脸检测、图像搜索和艺术图像变换等许多重要应用。随着深度学习方法的广泛应用,近年来计算机视觉在自动驾驶汽车、机器人、医学、虚拟现实和增强现实等方面得到了广泛应用。本书介绍了一种学习计算机视觉的实用方法。通过代码块和对算法理论的理解,将有助于建立扎实的计算机视觉基础。本书介绍了如何使用 OpenCV、Keras 和 TensorFlow 等标准工具来创建应用程序。本书中介绍的各种概念和实现方法可用于机器人、图像处理和自动驾驶汽车等多个不同领域。本书中的每一章都附有代码和结果以强化读者对学习内容的理解。

本书读者

本书适合从事计算机视觉相关工作,并想要获得具体算法实现方法的专业人员和学习者阅读。读者最好已具备 Python 和计算机编程的基本知识,可以编写和运行简单 Python 脚本(包括科学 Python),同时也可以理解线性代数和编程相关的基本数学知识。

本书通过对图像滤波、目标检测、分割、跟踪和 SLAM 等内容的学习,将帮助读者学会设计新的计算机视觉应用程序。读者可以了解行业内所用的计算机视觉技术以及如何自行编写代码。同样对于广泛使用的库也是如此。读者可以利用这些标准库来创建不同领域的应用程序,包括图像滤波、图像处理、目标检测和基于深度学习的高级应用等程序。本书可帮助读者从计算机视觉基础知识逐步深入学习先进技术的应用实践。

本书的主要内容

第 1 章计算机视觉快速入门，简要介绍计算机视觉的构成、在不同领域的应用以及不同类型问题的细分方法。本章还介绍了在 OpenCV 中读取图像的基本代码。另外，还简要概述了不同颜色空间及其可视化技术。

第 2 章库、开发平台和数据集，详细阐述如何设置开发环境并在其中安装库。本章介绍的各种数据集既包括书中所用的数据集，也包括当前计算机视觉各个子领域最常用的数据集。同时，还给出了下载和加载所用库的封装器（如 Keras）的链接。

第 3 章 OpenCV 中的图像滤波和变换，介绍各种滤波技术，包括线性和非线性滤波及其在 OpenCV 中的实现方法。本章还介绍了图像变换技术，如线性平移、绕给定轴的旋转以及完全仿射变换。本章所介绍的技术有助于在多个领域创建应用程序并提高图像质量。

第 4 章什么是特征，介绍计算机视觉的特征及其在各种应用中的重要性。本章包括具有基本特征的 Harris 角点检测器、FAST 特征检测器和具有鲁棒性快速特征的 ORB 特征。同时还展示了在 OpenCV 中的具体应用，这些应用包括模板与原始图像匹配，以及同一对象的两幅图像匹配。另外，还讨论了黑箱特征及其必要性。

第 5 章卷积神经网络，首先介绍简单的神经网络及其组成。还介绍了 Keras 中的卷积神经网络，包括激活层、池化层和全连接层等各种组件。解释了每个组成部分参数变化的结果，读者可以很容易地复现这些结果。通过利用图像数据集实现了一个简单的 CNN 模型，以进一步加深理解。除了 VGG、Inception 和 ResNet 等常用的 CNN 架构之外，还介绍了迁移学习，从而了解到一个最先进的图像分类深度学习模型。

第 6 章基于特征的目标检测，深入理解图像识别问题。通过 OpenCV 解释了人脸检测器等检测算法。另外，还介绍了一些最近常用的基于深度学习的目标检测算法，如 Faster R-CNN、SSD 等。通过在自定义图像上执行 TensorFlow 目标检测 API 来阐述各种方法的有效性。

第 7 章分割和跟踪，主要包括两部分。首先介绍图像实例识别问题，并实现了一个用于分割的深度学习模型。第二部分介绍 OpenCV 中的 MOSSE 跟踪器，该跟踪器执行效率高且快速。在跟踪问题上，还介绍了基于深度学习的多目标跟踪方法。

第 8 章三维计算机视觉，描述从几何角度如何进行图像分析。读者首先了解单幅图像计算深度所面临的挑战，然后会学习到如何使用多幅图像来解决该问题。另外，还介绍了使用视觉里程计跟踪移动相机姿态的方法。最后，介绍了 SLAM 问题，提出了一种基于视觉 SLAM（vSLAM）的解决方案。

第 9 章计算机视觉中的数学，介绍理解计算机视觉所需的基本概念。其中介绍的向量和矩阵运算通过 Python 实现得到进一步扩充。另外，还简述了概率论，并阐述了各种分布的相关内容。

第 10 章计算机视觉中的机器学习，概述了机器学习建模以及所涉及的各种关键术语。读者还将了解维度灾难，以及所涉及的各种预处理和后处理技术。另外，还介绍了机器学习模型的几种评估工具和方法，这些工具和方法在视觉应用中得到了广泛应用。

目　录

第 *1* 章

计算机视觉快速入门

计算机视觉在人们日常生活中的应用正变得愈加普遍。这些应用多种多样，包括从虚拟现实（VR）或增强现实（AR）游戏到利用智能手机摄像头扫描文档等各种应用程序以及在智能手机上广泛使用的二维码扫描和人脸检测功能，和人脸识别功能。在网络上，还可以利用图片进行搜索，查找相似图片。照片共享应用程序可以识别人，并根据照片中的朋友或家人制作相册。应用在图像稳定性方面的相关技术的不断改进，即使出现抖动，也可以拍摄出稳定的视频。

近年来，随着深度学习技术的快速发展，图像分类、目标检测、跟踪等应用也越来越精确，并由此促进了无人机、无人驾驶汽车、仿人机器人等复杂自主系统的发展。通过深度学习，图像可转换以呈现更复杂的细节，如可将图像转换为具有凡·高风格的画作。

在一些领域的进展也使大众产生了好奇，计算机视觉如何能够从图像中推断出这些信息。这些好奇源于人类的感知和我们对周围环境进行复杂分析的方式。人类可以估计物体的接近程度、结构和形状，以及表面纹理。即使在不同光照条件下，也可以识别物体，甚至可以识别出物体是否曾经见过。

　　鉴于这些，自然而然地就会产生一个基本问题，即究竟什么是计算机视觉？在本章中，将首先回答这个问题，然后介绍计算机视觉中各个子领域及其应用。在本章后面部分，将介绍基本的图像操作。

1.1　什么是计算机视觉

　　为了讨论计算机视觉，首先请观察图 1-1。

图　1-1

　　即便你之前从未进行过类似的活动，也能够清楚地看出这幅图描述的是人们在多云天气情况下，在雪山上滑雪。所获取的这些信息比较复杂，可以进一步将其细分为计算机视觉系统中更基本的推论。

　　从图像中所获得的最基本的观察物就是图像中的事物（或对象）。在图 1-1 中，可以看到树木、山峰、白雪、蓝天、人等各种对象。将这些信息提取出来的过程通常称为图像分类，其中，一般采用一组预定义的类别来标记图像。在这种情况下，这些标签即为在图像中所观察到的事物。

从图 1-1 中进行更大定义的观察，所得的结果就是风景。由图可知，该图像是由白雪、山峰和天空组成，如图 1-2 所示。

图　1-2

尽管在图像中很难明确标识出白雪、山峰和天空的精确边界，但仍可以区分出每一部分的大致区域。这通常称为图像分割，即根据对象的占有率将图像分割成不同的区域。

为使得观察更加具体，可以进一步确定图像中各个对象的精确边界，如图 1-3 所示。

在图 1-3 中，可以观察到人们正在进行不同的活动，因此具有不同的形状；有的坐着，有的站着，有的正在滑雪。即使存在着如此多的不同之处，也可以检测出物体，并在其周围创建边界框。为便于理解，在图像中只显示了一些边界框，以便可以观察到更多的物体。

图　1-3

　　虽然在图 1-3 中，在一些对象周围显示了矩形边界框，但并未进行对象分类。接下来就是要声明边界框内的对象是人。这种对边界框内的对象进行检测和分类的综合观察过程通常称为目标检测。

　　深入观察人和周围环境，可以发现图中不同的人高矮不等，而且有些人离镜头较近，有些人远离镜头。这是源于人们可以直觉感知图的构成以及对象之间的关系。众所周知，树通常是比人高的，即使图中的树会显得比距离镜头较近的人更矮。提取图像中的几何信息是计算机视觉的另一个研究领域，通常称为图像重建。

1.2　计算机视觉无处不在

　　在上节中，我们对计算机视觉有了初步理解。在这种理解的基础上，提出了一些算法并应用于工业实践。学习这些算法不仅可以有利于对系统的理解，而且还会激发新的思路以改进整个系统。

　　本节将通过介绍各种不同应用及其平台组成来拓展对计算机视觉的理解：

　　● **图像分类**：在过去几年中，根据图像中的目标对图像进行分类变得越来越流行。这主要得益于算法的改进以及可用的大规模数据集。用于图像分类的深度学习算法极大改进了针对诸如 ImageNet 数据集的训练精度。在下一章将深入分析该数据集。训练好的模型通常进一步用于改进其他识别算法，如目标检测，以及在线应用的图像分类。本书将介绍如何利用深度学习模型来创建一个简单算法来对图像进行分类。

● **目标检测**：不仅是自动驾驶汽车，还包括机器人、无人零售店、车辆检测、智能手机相机应用程序、图像滤波以及许多应用都需要进行目标检测。目标检测的实现也得益于深度学习和视觉技术以及可用的大规模数据集。上节中在目标周围生成边界框，并对框内物体进行分类的内容已对目标检测进行了简要概述。

● **目标跟踪**：跟踪机器人、监控摄像头和人机交互是目标跟踪的一些应用。目标跟踪包括位置定义以及在一系列图像中跟踪相应的目标。

● **图像几何**：这通常是指计算目标距离摄像头的深度。在该领域也有一些应用。目前，智能手机应用程序已能够根据视频计算三维结构。利用三维重建的数字模型，可进行深入研究，如创建 AR 或 VR 应用，以将图像环境与现实环境实现连接。

● **图像分割**：这是在图像中创建聚类区域，以使得一个聚类具有类似特性。常用方法是将属于同一对象的像素进行聚类。近来的主要应用领域是基于图像区域的自动驾驶汽车和健康分析。

● **图像生成**：这在艺术领域具有更大的影响，可以将不同图像风格混合或生成全新的风格。现在，可以将凡·高的油画风格与智能手机拍摄的图像混合结合以生成与凡·高绘画风格相似的图像。

计算机视觉研究领域发展很快，不仅提出了多种图像分析的新方法，而且开发出了计算机视觉的更多新应用。因此，计算机视觉的应用并不局限于上述所介绍的领域。

开发视觉应用需要掌握大量有关工具和技术的知识。在第 2 章中，将会给出有助于实现视觉技术的工具列表。其中常用的一种工具是 OpenCV，其中包括了计算机视觉的最常用算法。对于更新的技术，如深度学习，可利用 Keras 和 TensorFlow 进行应用开发。

在下一节中将会简要介绍图像操作，不过在第 3 章中，还将更详细地讨论图像滤波和变换的操作，这些操作在许多应用中都作为最基本的操作以去除无用信息。

在第 4 章中，将介绍图像的特征。在一幅图像中会有一些属性（如角点、边缘等）可作为关键点。这些属性可用于寻找图像间的相似性。通过该章我们将理解和实现常用特征以及特征检测器的知识和应用。

用于图像分类或目标检测的视觉技术的最新进展是利用了基于深度学习方法的先进特征。在第 5 章中，会学习理解卷积神经网络的各种组成部分，以及如何应用于图像分类。

如上所述，目标检测是一个同时在图像中实现目标定位并确定目标类型的复杂问题。因此，这需要更复杂的技术，即第 6 章中所用到的 TensorFlow。

如果要确定图像中的目标区域，需要执行图像分割。在第 7 章中，将介绍应用卷积神经网络进行图像分割的一些方法，以及在一系列图像或视频中跟踪多个目标的技术方法。

之后，在第 8 章中，将介绍图像构建和图像几何的实践应用，如视觉里程计和视觉 SLAM。

尽管在第 2 章中将会详细讨论如何设置 OpenCV，不过在下一节中我们将会先利用 OpenCV 来执行图像读取和转换的基本操作。这些操作将表明如何在数字环境下表示一幅图像以及需要改变哪些参数来改进图像质量。有关图像操作的更详细介绍将出现在第 3 章中。

1.3　入门

本节将讨论图像读取和保存（IO）的基本操作。另外，还介绍如何数字化表示图像。

在进行图像 IO 处理之前，首先讨论在数字世界中如何构成一幅图像。图像可简单地看作是一个二维数组，其中每个数组单元中均包含强度值。一幅简单图像是由表示白色的 0 和表示黑色的 1 所表征的黑白图像，这也称为是二值图像。进一步扩展是将黑白再划分为 0~255 范围内的灰度。这种类型的图像在三维视图中如图 1-4 所示，其中 x 和 y 是像素位置，z 是强度值。

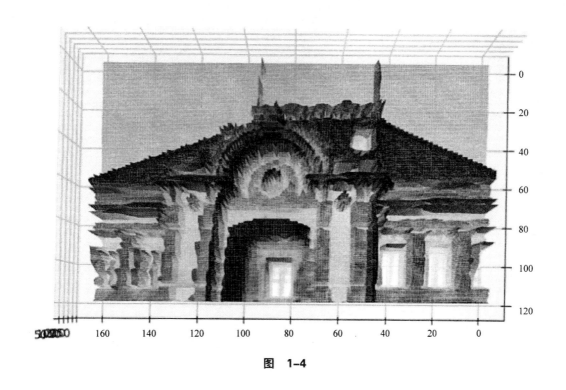

图　1-4

图 1-4 是正视图，如果从侧面观察，可看到图像的强度变化，如图 1-5 所示。

由图 1-5 可知，其中存在一些峰值，且图像强度并不平滑。在此处应用平滑算法得到图 1-6，具体方法参见第 3 章。

由图 1-6 可见，像素强度更加连续，即使在目标表征中没有太大变化。实现图像可视化的代码如下（图像可视化所需的库将在第 2 章中详细介绍）：

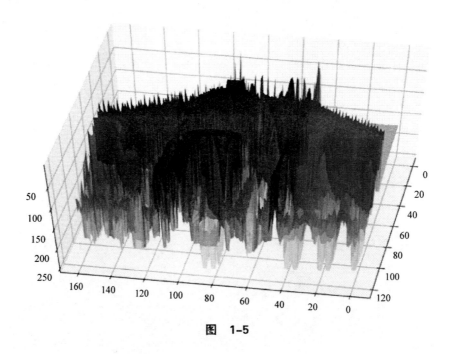

图　1-5

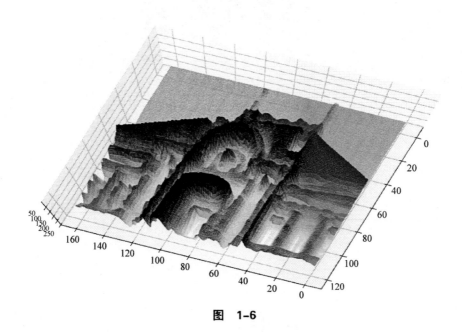

图　1-6

```
import numpy as np
import matplotlib.pyplot as plt
from mpl_toolkits.mplot3d import Axes3D
import cv2


# 从文件路径加载和读取一幅图像
img = cv2.imread('../figures/building_sm.png')

# 将彩色图像转换为灰度图像
gray = cv2.cvtColor(img, cv2.COLOR_BGR2GRAY)
# 图像裁剪（可选）
gray = cv2.resize(gray, (160, 120))

# 执行平滑操作
gray = cv2.blur(gray,(3,3))

# 利用NumPy创建绘制网格
xx, yy = np.mgrid[0:gray.shape[0], 0:gray.shape[1]]

# 创建图
fig = plt.figure()
ax = fig.gca(projection='3d')
ax.plot_surface(xx, yy, gray ,rstride=1, cstride=1, cmap=plt.cm.gray,
        linewidth=1)
# 显示
plt.show()
```

上述代码利用了下列库：NumPy、OpenCV 和 matplotlib。

在本章的后续内容中，将分析利用颜色属性执行的图像操作。

1.3.1　读取图像

以数字格式保存的图像由网格结构组成，其中每个网格单元包含一个表征图像的值。在后面的内容中，将分析图像的不同格式，对于每一种格式，网格单元中的值都具有不同的取值范围。

要处理一幅图像或在后续处理中使用该图像，首先需要加载图像并以网格结构使用。这称为图像输入 - 输出操作，可以利用 OpenCV 库来读取图像，代码如下。在此，根据实际更改图像文件的路径：

```
import cv2

# 从文件路径加载和读取一幅图像
img = cv2.imread('../figures/flower.png')

# 显示上图
cv2.imshow("Image",img)

# 保持窗口直到按下某键
cv2.waitKey(0)

# 清除所有窗口缓存
cv2.destroyAllWindows()
```

所得图像如图 1-7 所示。

图   1-7

在此，读取的图像是 BGR 格式，其中 B 是蓝色，G 是绿色，R 是红色。输出的每个像素是由每种颜色的值来综合表示。在图 1-7 底部给出了像素位置及其颜色值的一个示例。

1.3.2 图像颜色转换

图像是由像素构成的，且通常是根据所保存的值来进行可视化显示。另外，还有一个附加特性能生成不同形式的图像。像素中保存的每个值都与一种固定表示相关联。例如，像素值 10 可以表示灰度值 10 或蓝色强度值 10 等。因此，理解不同颜色格式及其转换非常重要。本节将讨论颜色格式以及利用 OpenCV 进行转换。

● **灰度**：这是一种简单的单通道图像，其中表示像素值的范围是 0~255。图 1-7 图可转换为灰度图，代码如下所示：

```
import cv2

# 从文件路径加载和读取一幅图像
img = cv2.imread('../figures/flower.png')

# 将彩色图像转换为灰度图像
gray = cv2.cvtColor(img, cv2.COLOR_BGR2GRAY)

# 显示上图
cv2.imshow("Image",gray)

# 保持窗口直到按下某键
cv2.waitKey(0)

# 清除所有窗口缓存
cv2.destroyAllWindows()
```

所得图像如图 1-8 所示。

● **HSV 和 HLS**：这是其他的颜色表示形式，其中 H 为色调，S 为饱和度，V 为明度，L 为亮度。这是源于人类感知系统。该类型的图像转换代码如下：

```
# 将彩色图像转换为HSV图像
hsv = cv2.cvtColor(img, cv2.COLOR_BGR2HSV)

# 将彩色图像转换为HLS图像
hls = cv2.cvtColor(img, cv2.COLOR_BGR2HLS)
```

转换结果如图 1-9 所示，其中将以 BGR 格式读取的输入图像转换为 HLS（左图）和 HSV（右图）图像类型。

图　1-8

HLS图像　　　　　　　　　　　　HSV图像

图　1-9

● **LAB 颜色空间**：L 为亮度，A 为绿色 - 红色，B 为蓝色 - 黄色，由此构成了所有可感知的颜色。由于其具有设备独立性属性，因此可用于从颜色空间中的一种类型（如 RGB）转换到其他类型（如 CMYK）。在格式与所发送图像格式不同的设备上，输入图像的颜色空间先转换为 LAB，然后再转换为设备可用的相应颜色空间。将 RGB 图像转换后的输出如图 1-10 所示。

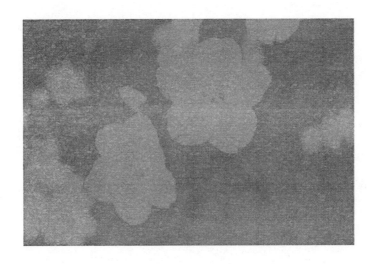

图　1-10

1.4　计算机视觉研究的相关会议

涉及最新研究成果与应用的会议如下所示：

● CVPR：计算机视觉和模式识别会议，每年举办一次，是业界最重要学术会议之一，其研究论文涵盖了广泛领域的理论研究与实践应用。

● ICCV：国际计算机视觉大会是每两年举办一次的大型重要会议，吸引了最好的研究论文来投稿。

● SIGGRAPH：国际计算机图形学和交互技术大会是计算机图形学领域最重要的会议之一，同时也发表一些计算机视觉技术相关论文。

其他著名会议还包括神经信息处理系统（NIPS，现改名为 NeurIPS）大会，国际机器学习会议（ICML），亚洲计算机视觉会议（ACCV），欧洲计算机视觉会议（ECCV）等。

1.5 小结

本章简要概述了计算机视觉中图像的基本 IO 操作。尽管这是一个非常广泛的领域，但利用计算机视觉方法总是能够产生令人震撼的应用。本书试图通过一些常用的算法搭建理论与实践方法之间的桥梁。接下来将讨论执行滤波和转换的更多基本图像操作。扩展这些基本技术，然后我们将了解特征的组成以及如何计算它们。

根据本章介绍的内容，在下一章将开始配置库和环境。这些库的使用将贯穿全书。下一章介绍的数据集可作为一些算法的起点。

第 *2* 章

库、开发平台和数据集

本章将建立一个开发环境来运行本书代码以及通用开发代码，另外，还将介绍用于计算机视觉的各种数据集。由于现在已有一些既可用于计算机视觉也可用于行业部署的标准库，因此在学习过程使用这些数据集会变得非常简单。在后面章节中研究计算机视觉的各个子主题时，可以直接运行实现随后介绍的代码，而无须考虑安装和其他涉及库的问题。

本章主要内容如下。

- 首先，建立基于 Python 的环境，如 Anaconda。

- 然后讲解配置 OpenCV 以及各种安装方式。

- 对于深度学习，还将学习配置 Keras 和 TensorFlow。

2.1　库及其安装方法

在开始之前，需要安装每个库。库的安装主要有两种方法：

- 下载源代码，并通过编译代码来生成可执行文件。

● 直接下载可执行文件，并保存在相关文件夹中。

尽管下载预编译可执行文件是一种更快捷的方式，但由于平台差异或二进制文件的不可用性，可能会强制从源代码构建库。如果读者使用的是后面几节中提到的不同操作系统，那么可能会遭遇这种情况。一旦安装完成库，就可以与程序或其他库一起使用了。

由于安装好不受其他设置影响的库非常关键，因此在本书的大部分内容中都将采用基于 Python 的环境。这有助于追踪已安装的库，同时如果有多个库，还可以隔离不同的环境。这里的环境是指所安装的特定版本的库及其依赖项。

为了由源代码构建库，在此采用 CMake 工具。具体安装说明见下节介绍。这有助于通过链接到各种平台的相关编译器及其依赖项来构建跨平台软件。虽然也具有 GUI 程序，不过为了方便起见，我们将采用命令行形式的 cmake。

对于深度学习，将在本书后面介绍，强烈建议采用 GPU。为了在 GPU 上运行程序，需要安装 Nvidia 提供的 CUDA 和 cuDNN 可执行文件。Nvidia 提供了在各个平台（如 Linux、Mac OS 或 Windows）上安装的更多详细信息。

接下来就开始依次安装所需的软件包。

2.1.1　安装 Anaconda

需要首先完成的是设置 Python 环境，以便可以通过 Python 轻松访问其余的库。Anaconda 是一个主流的数据科学平台，具有 Python 接口，其可通过 https:/ / www. anaconda. com/ 获得。Anaconda 中包含一个包管理器 conda，可安装、删除和管理 Python 库，同时保证与其他 Python 环境隔离。在本书中，将使用 Anaconda 的 conda。接下来对其进行配置。

首先，下载并安装 Anaconda。

● 对于 Linux 操作系统：

```
wget
https://repo.continuum.io/archive/Anaconda3-5.0.1-Linux-x86_64.sh
bash Anaconda3-5.0.1-MacOSX-x86_64.sh
```

● 对于 Mac OS 操作系统，wget 不能直接获取，需通过 brew 安装 wget：

```
wget
https://repo.continuum.io/archive/Anaconda3-5.0.1-MacOSX-x86_64.sh
bash Anaconda3-5.0.1-MacOSX-x86_64.sh
```

通过上述命令，将安装 Python 库在文件夹 $HOME/anaconda3 中，在此使用的是 Python3。另外，也可获取 Python2 版本，安装过程类似。要使用 Anaconda，需要在 $PATH 中添加新安装的库，这样就可在每次启动新的 shell 时运行。

```
export PATH="$PATH_TO_ANACONDA3/anaconda3/bin:$PATH"
```

其中，$PATH_TO_ANACONDA3 是 Anaconda3 文件夹的安装路径。为了更方便起见，可根据是 Linux 还是 Mac OS 操作系统，将其添加到 .bashrc 或 .bash_profile 文件中。

Conda 安装完成后，就可以安装许多其他科学软件包。其中常用的一些软件包是：

1. NumPy

NumPy 软件包用于对作为 N 维数组的图像执行操作。生成并转置一个二维数组的示例如下。

```
import numpy as np

A = [[1, 2],[3, 4]]

# A 对 A 转置
np.transpose(A)
```

2. Matplotlib

这是一个用于绘制、显示数据和图像的常用 Python 软件包。若在 Python 中使用，代码如下。

```
import matplotlib.pyplot as plt
```

若要在 Jupyter notebook 中绘图，需增加以下命令。

```
%matplotlib inline
```

一个显示图像的示例函数如下。

```
def plot_img(input_image):
    """
    Takes in image
    Plots image using matplotlib
    """
    plt.figure(figsize=(12,8))
    # 更改为适用于matplotlib的颜色通道顺序
    plt.imshow(input_image)

    # 为便于查看，去除图像中的轴
    plt.axis('off')
    plt.show()
```

3. SciPy

这是一个基于 Python 的科学计算库，其中包含优化、线性代数、信号处理、统计等多种先进算法。

一个计算二维数组特征值和特征向量的示例如下。

```
from scipy import linalg

A = [[5, 6], [7, 8]]
eig_vals, eig_vectors = linalg.eig(A)
```

4. Jupyter notebook

Jupyter notebook 常用于创建具有可视化和文本的分步实时代码。在第 3 章和第 4 章中，图像滤波和特征提取的代码都可在 Jupyter notebook 中运行。

要启动 notebook 服务器，需在 shell 中运行以下命令。

```
jupyter notebook
```

这将启动浏览器，并可从启动位置查看文件夹中的文件。启动后，单击浏览器页面左上角的 "New" 菜单栏并选择相应 Python 的 notebook。这时将以 Python 解释器形式打开浏览器中的一个新选项卡。

其他软件包还包括 scikit-learn、pandas、seaborn 等。

2.1.2　安装 OpenCV

OpenCV（https://opencv.org/）是最主流的计算机视觉开源库，可安装在 Linux、Mac OS、Windows、Android、iOS 等所有主要操作系统上。其中包含了使用 C++ 编写的优化代码，并结合了 Python 和 Java。鉴于 OpenCV 的多功能性，本书将主要通过其来阐述计算机视觉算法。除了一些外部资源库之外，本书的大部分代码都是用 Python 编写的。OpenCV 有两种配置方式，这取决于具体使用情况。接下来，首先介绍简单的方法。

1. 安装 OpenCV Anaconda

利用上节中安装的 Anaconda，OpenCV 可按下列命令安装在 Linux 和 Mac OS 系统上（仅包含 Python 库的 OpenCV）：

```
conda install -c conda-forge opencv
```

2. OpenCV 源文件编译

由源文件编译 OpenCV 是一个漫长过程，并取决于所用的具体硬件。

● 在 Linux 系统上配置安装所需的步骤（在此以 Ubuntu 为例）。

```
sudo apt-get install build-essential
sudo apt-get install cmake git libgtk2.0-dev pkg-config libavcodec-
dev libavformat-dev libswscale-dev
sudo apt-get install libtbb2 libtbb-dev libjpeg-dev libpng-dev
libtiff-dev libjasper-dev libdc1394-22-dev
```

● 在 macOS 系统上配置安装所需的步骤。

从 http://www.cmake.org/download/ 下载安装 Cmake。以下是安装代码：在 install.sh 文件中复制下列代码段，并运行 bash install.sh 文件来安装 OpenCV。

在下面代码中，将 \$PATH_TO_ANACONDA 替换为 Anaconda 的默认路径，如 /Users/mac。

```
# 下载OpenCV
wget https://github.com/opencv/opencv/archive/3.3.0.zip
unzip 3.3.0.zip
mv opencv-3.3.0 opencv
rm -rf 3.3.0.zip


# 安装OpenCV
cd opencv
mkdir build && cd build
cmake -D -
DPYTHON_INCLUDE_DIR=$PATH_TO_ANACONDA/anaconda3/include/python3.6m/ \
    -DPYTHON_EXECUTABLE=$PATH_TO_ANACONDA/anaconda3/bin/python \
    -DPYTHON_PACKAGES_PATH=$PATH_TO_ANACONDA/anaconda3/lib/python3.6/site-
packages \
    -DINSTALL_PYTHON_EXAMPLES=ON \
    -DCMAKE_INSTALL_PREFIX=$PATH_TO_ANACONDA/anaconda3 \
    -DWITH_QT=ON \
    -DFORCE_VTK=ON \
    -DWITH_GDAL=ON \
    -DWITH_FFMPEG=ON \
    -DWITH_TBB=ON \
    -DWITH_XINE=ON \
    -DWITH_OPENCL=OFF \
    -DBUILD_EXAMPLES=ON ..

make -j4
make install
```

由于 OpenCV2 和 OpenCV3 之间有显著变化，因此，本书中的代码是在 OpenCV3 下编写的。

在 OpenCV 中，其他模块都存储在名为 opencv_contrib 下一个独立资源库中。为了编译包含 opencv_contrib 在内的 OpenCV，具体步骤如下。

● 下载 OpenCV。

```
# 下载OpenCV
wget https://github.com/opencv/opencv/archive/3.3.0.zip
unzip 3.3.0.zip
mv opencv-3.3.0 opencv
rm -rf 3.3.0.zip
```

● 下载附加模块，并明确该文件夹的路径。

```
# opencv_contrib 代码
wget https://github.com/opencv/opencv_contrib/archive/3.3.0.zip
unzip 3.3.0.zip
mv opencv_contrib-3.3.0 opencv_contrib
rm -rf 3.3.0.zip
```

● 编译完整的 OpenCV，其中 PATH_TO_CONTRIB 为之前下载的 opencv_contrib 的
路径。

```
cd opencv
mkdir build && cd build
cmake -D -
DOPENCV_EXTRA_MODULES_PATH=$PATH_TO_CONTRIB/opencv_contrib/modules
\
    -
DPYTHON_INCLUDE_DIR=$PATH_TO_ANACONDA/anaconda3/include/python3.6m/
\
    -DPYTHON_EXECUTABLE=$PATH_TO_ANACONDA/anaconda3/bin/python \
DPYTHON_PACKAGES_PATH=$PATH_TO_ANACONDA/anaconda3/lib/python3.6/sit
e-packages \
    -DINSTALL_PYTHON_EXAMPLES=ON \
    -DCMAKE_INSTALL_PREFIX=$PATH_TO_ANACONDA/anaconda3 \
    -DWITH_QT=ON \
    -DFORCE_VTK=ON \
    -DWITH_GDAL=ON \
    -DWITH_FFMPEG=ON \
    -DWITH_TBB=ON \
    -DWITH_XINE=ON \
    -DWITH_OPENCL=OFF \
    -DBUILD_EXAMPLES=ON ..

make -j4
make install
```

由上可见，一些选项设置为 ON 或 OFF。这些操作的选择取决于依赖项的可用性。若
所有依赖项均可用，则可全部设置为 ON。

3. OpenCV 常见问题

在上一章已介绍过一个入门性的 OpenCV 程序，接下来将介绍一些会贯穿本书的更为
常用的代码段。

● 首先导入 OpenCV，并显示所用的 OpenCV 版本。

```
import cv2
print(cv2.__version__)
```

● 从文件中读取一幅图像。

```
img = cv2.imread('flower.png')
```

上述代码将对以 .jpg、.png、.jpeg、.tiff、.pgm 等常见格式存储的图像通过与 OpenCV 一起安装或使用平台所提供的图像编解码器进行解码。若没有可用的编解码器，则 OpenCV 无法读取或写入图像。因此，用户必须在非支持平台（如嵌入式设备）上安装编解码器。

可通过下列命令将图像写入文件。

```
cv2.imwrite('image.png', img)
```

在编写代码时，也需要使用通常与 OpenCV 一起安装的图像编解码器。在此，以 jpg、png、jpeg、tiff 等文件格式编写图像。

视频处理包括打开视频文件并对每帧图像执行相应算法。首先需初始化图像帧源，可以是视频文件或连接的 USB 摄像头。

```
# 若默认采用USB摄像头，则该值设为0
video_capture = cv2.VideoCapture(0)
```

或者，也可采用如下形式。

```
# 若采用视频文件，则需设置文件名
video_capture = cv2.VideoCapture('video.avi')
```

与读取和写入图像类似，视频的读取也需要使用与 OpenCV 一起安装的或由操作系统提供的编解码器。视频源设置好后，就可连续处理每帧图像。

```
while(True):
    # 获取每帧
```

```
ret, frame = video_capture.read()
# 若没有可用的帧，则退出
if not ret:
    print("Frame not available")
    break
# 在窗口显示所读取的帧
cv2.imshow('frame', frame)

# 按"q"键退出循环
if cv2.waitKey(1) & 0xFF == ord('q'):
    break
```

其中，cv2.imshow 用于显示图像，cv2.waitKey() 是指执行过程的时间延迟。

2.1.3　用于深度学习的 TensorFlow

TensorFlow 是常用的深度学习库之一，具有面向 Python、C++、Java 等 API。在本书中，将使用 Python API 1.4.0 版本。有关 TensorFlow 的详细介绍已超出本书范畴；要更好地了解 TensorFlow，请参见其官方文档。

安装 TensorFlow，在此采用基于 pip 的方法，如下所示。

```
pip install tensorflow=1.4.0
```

若具有包含 CUDA 和 cuDNN 的 GPU 可用，则使用此命令。

```
pip install tensorflow-gpu=1.4.0
```

有关 TensorFlow 及其使用的更多信息，请参照以下给出的教程。

```
https://www.tensorflow.org/get_started/get_started.
```

安装完成后，可通过执行以下命令来查看 TensorFlow 版本。

```
python -c "import tensorflow as tf;print(tf.__version__)"
```

2.1.4　用于深度学习的 Keras

Keras 是一个基于 Python 的 API，其使用 TensorFlow、CNTK 或 Theano 作为深度学习

的后端。由于其具有高层 API 和简化抽象功能，因此在深度学习领域得到广泛应用。在此，将利用该库来研究 CNN。要安装 Keras，首先需按照上节所述安装 TensorFlow，并执行以下命令。

```
pip install keras
```

对于 GPU，没有单独的 Keras 版本。要安装特定版本的 Keras，如 2.1.2 版，命令如下。

```
pip install keras==2.1.2
```

通过下列命令可查看已安装的 Keras 版本。

```
python -c "import keras;print(keras.__version__)"
```

若已在上节中安装完成 TensorFlow，则将其作为后端。

使用 Keras 的一个前提条件是需要掌握深度学习的基本知识。在本书的第 5 章中将对 Keras 进行详细介绍。

2.2　数据集

在计算机视觉中，数据集对于开发高效的应用程序具有重要作用。现在，随着可用的大型开源数据集的增多，那么就更易于创建针对计算机视觉任务的性能更佳的模型。在本节中，将介绍几个用于计算机视觉的数据集。

2.2.1　ImageNet

ImageNet 是一个用于计算机视觉的最大标注数据集。数据是按层次顺序组织安排的。有 1000 类共 140 万张图像。尽管这些图像是非商业用途的，但在计算机视觉学习方面，ImageNet 仍是最主流的数据集之一。特别是在深度学习中，由于提供了大量不同图像，该数据集可用于建立图像分类模型。

以下网站提供了下载图像或有关图像的其他属性的链接和资源。

http://image-net.org/download

本书并未直接使用 ImageNet，但使用了一个针对该数据集的预训练模型。因此无须下载该数据集。

2.2.2　MNIST

MNIST 是一个 0 ~ 9 的手写体数字数据集，其中包含 60000 幅大小为 28×28 的图像作为训练集，10000 幅 28×28 的图像作为测试集。现已成为进行机器学习或深度学习的数据集。在大多数平台框架中已提供了 MNIST，因此无须单独下载。在 Keras 中的应用如下。

```
from __future__ import print_function

from keras.datasets import mnist
import matplotlib.pyplot as plt

# 下载并加载数据集
(x_train, y_train), (x_test, y_test) = mnist.load_data()

# 显示数据大小
print("Train data shape:", x_train.shape, "Test data shape:", x_test.shape)

# 绘制样本图像
idx = 0
print("Label:",y_train[idx])
plt.imshow(x_train[idx], cmap='gray')
plt.axis('off')
plt.show()
```

该数据集中的一些样本图像如图 2-1 所示。

标签:5　　　　　标签:9　　　　　标签:6

图　2-1

2.2.3 CIFAR-10

尽管 MNIST 是一种最容易入门的数据集，但由于缺少彩色图像，则不适用于需要彩色图像数据集的任务。Alex 等人提出了一种稍微复杂的数据集 CIFAR-10[1]，这是由 10 种类别的图像组成的，且每种类别均具有 60000 幅训练图像和 10000 幅测试图像。其中每幅图像大小为 32×32，且具有三个颜色通道。该数据集也可以很容易地加载到 Keras 中，代码如下所示。

```
from __future__ import print_function

from keras.datasets import cifar10
import matplotlib.pyplot as plt

# 下载并加载数据集
(x_train, y_train), (x_test, y_test) = cifar10.load_data()
labels = ['airplane', 'automobile', 'bird', 'cat', 'deer', 'dog', 'frog',
'horse', 'ship', 'truck']
# 显示数据大小
print("Train data shape:", x_train.shape, "Test data shape:", x_test.shape)

# 绘制样本图像
idx = 1500
print("Label:",labels[y_train[idx][0]])
plt.imshow(x_train[idx])
plt.axis('off')
plt.show()
```

标签依次为：飞机、汽车、鸟、猫、鹿、狗、青蛙、马、船和卡车。

2.2.4 Pascal VOC

由于 MNIST 和 CIFAR 等之前的数据集在表征上受限，因此不能用于人员检测或分割等任务。Pascal VOC[4] 已作为目标识别等任务的主要数据集之一。在 2005 ~ 2012 年期间，基于这一数据集进行了一些比赛，并在测试数据上达到了尽可能高的准确率。另外，该数据集通常是按年份引用，如 VOC2012 是指用于 2012 年竞赛的数据集。在 VOC2012 中，有三种竞赛类别；第一种竞赛是分类和检测数据集，其中包含 20 种对象类别以及对象周围矩形区域的注释。第二种竞赛是通过对象周围的边界进行分割。第三种竞赛是从图像中进行动作识别。

该数据集可从以下链接下载。

`http://host.robots.ox.ac.uk/pascal/VOC/voc2012/index.html.`

在该数据集中，图像的示例注释文件（XML 格式）如下列代码所示，其中标签表示该字段的属性。

```
<annotation>
  <folder>VOC2012</folder>
  <filename>2007_000033.jpg</filename>
  <source>
    <database>The VOC2007 Database</database>
    <annotation>PASCAL VOC2007</annotation>
    <image>flickr</image>
  </source>
  <size>
    <width>500</width>
    <height>366</height>
    <depth>3</depth>
  </size>
  <segmented>1</segmented>
  <object>
    <name>aeroplane</name>
    <pose>Unspecified</pose>
    <truncated>0</truncated>
    <difficult>0</difficult>
    <bndbox>
      <xmin>9</xmin>
      <ymin>107</ymin>
      <xmax>499</xmax>
      <ymax>263</ymax>
    </bndbox>
  </object>
  <object>
    <name>aeroplane</name>
    <pose>Left</pose>
    <truncated>0</truncated>
    <difficult>0</difficult>
    <bndbox>
      <xmin>421</xmin>
      <ymin>200</ymin>
      <xmax>482</xmax>
      <ymax>226</ymax>
```

```
      </bndbox>
    </object>
    <object>
      <name>aeroplane</name>
      <pose>Left</pose>
      <truncated>1</truncated>
      <difficult>0</difficult>
      <bndbox>
        <xmin>325</xmin>
        <ymin>188</ymin>
        <xmax>411</xmax>
        <ymax&amp;gt;223</ymax>
      </bndbox>
    </object>
</annotation>
```

对应的图像如图 2-2 所示。

图　2-2

在该数据集中提供的类别包括飞机、自行车、船、瓶子、公共汽车、汽车、猫、椅子、牛、餐桌、狗、马、摩托车、人、盆栽植物、羊、火车和电视机。

不过，类别的数目还是有限的。在下一节中，将介绍一种包含 80 种类别的数据集。具有更多的通用对象类别将有助于创建适用于更通用场景的应用程序。

2.2.5 MSCOCO

COCO[2] 是针对上下文中的一个常用对象，这是一个用于目标识别的数据集，其中包含 80 种类别共 33 万幅图像。在 Pascal VOC'12 之后，该数据集已成为训练和评价系统的主流基准数据集。该数据集可从 http://cocodataset.org/#download 下载。

为读取数据并将其用于实际应用，https://github.com/cocodataset/cocoapi 提供了一个需要下载的 API。要使用该数据集，首先需要利用所提供的 API。

```
git clone https://github.com/cocodataset/cocoapi.git
cd cocoapi/PythonAPI
make
```

上述代码是用于安装 Python API 来读取 COCO 数据集的。

许多用于目标检测或图像分割的在线模型都是先在该数据集上进行训练的。如果具有不同于 MSCOCO 数据集中不同对象类别的特殊数据，将会采用第 5 章和第 6 章中所介绍的一种更为常用的方法，首先在 MSCOCO 数据集上训练模型，并利用训练后模型的一部分，在新的数据集上重新训练。

2.2.6 TUM RGB-D 数据集

上述数据集主要是用于目标识别的，而 TUM RGB-D 数据集是用于理解场景几何。RGB-D 数据集 [3] 主要用于 SLAM 研究，也是一种用于对比的基准数据集。其中，RGB-D 是指同时包含 RGB（彩色）图像和深度图像。这里的深度是指像素到相机的距离，这是由深度相机采集的。由于具有深度信息，该数据集还可用于评估基于深度的 SLAM 算法和根据 RGB 图像及其对应深度图像实现的三维重建模型。

2.3 小结

本章学习了如何安装 Python、Keras 和 TensorFlow 所需的不同库文件。这些库足以满足后续章节中的代码段。另外，还分析了不同数据集的特点和应用，如 ImageNet、MNIST、CIFAR-10、MSCOCO 和 TUM RGBD 数据集。这些数据集是计算机视觉应用的主要支撑，因为所开发的软件性能直接取决于这些数据集的可用性。

在下一章，将通过介绍不同类型的滤波器来开始更深入的图像分析，同时学习不同的图像变换方法，如平移、旋转和仿射。

参考文献

- Krizhevsky, Alex, and Geoffrey Hinton. *Learning multiple layers of features from tiny images*. (2009).
- Lin, Tsung-Yi, Michael Maire, Serge Belongie, James Hays, Pietro Perona, Deva Ramanan, Piotr Dollár, and C. Lawrence Zitnick. *Microsoft coco: Common objects in context*. In European conference on computer vision, pp. 740-755. Springer, Cham, 2014.
- Sturm, Jürgen, Nikolas Engelhard, Felix Endres, Wolfram Burgard, and Daniel Cremers. *A benchmark for the evaluation of RGB-D SLAM systems*. In Intelligent Robots and Systems (IROS), 2012 IEEE/RSJ International Conference on, pp. 573-580. IEEE, 2012.
- Everingham Mark, Luc Van Gool, Christopher KI Williams, John Winn, and Andrew Zisserman. *The pascal visual object classes (voc) challenge*. International journal of computer vision 88, no. 2 (2010): 303-338.

第 3 章

OpenCV 中的图像滤波和变换

本章将学习计算机视觉应用的基本构造。现在数码相机和智能手机设备可自动增强图像或调整颜色，以使得照片更加令人满意。这些技术早已出现，经过多次迭代优化后已变得更快更好。本章所介绍的许多技术也是后面章节介绍的目标检测和分类任务中的主要预处理技术。因此，研究这些技术并理解其具体应用是非常重要的。

在此将通过对图像进行线性和非线性滤波的多种技术来研究这些应用的基础知识。

在本章后面部分，还将学习变换方法和下采样技术，并且会提供包含注释和示例输出的相关代码。在此建议读者自行编写代码并尝试更改参数来更好地理解一些概念。为便于理解，本章给出了从本书网站上所下载图像的一些彩色图像结果。

本章的主要内容如下。

● 所需的数据集和库。

● 图像处理。

● 滤波器概述。

● 图像变换。

● 图像金字塔。

3.1　数据集和库

在本章的任务中大多采用了一幅样本图像。然而，也可采用任何其他图像来测试代码，或使用网络摄像头来查看实时结果。本章所用的库包括 OpenCV、NumPy 和 matplotlib。即使不熟悉这些库，也仍然可以理解代码并实现。若使用 Jupyter notebook 编写代码时，会特殊说明。

```
import numpy as np
import matplotlib.pyplot as plt
import cv2
# 在jupyter notebook下注释下一行
# %matplotlib inline
# 绘制notebook中的图
```

本章所用的样本图像加载方法如下。

```
# 读取一幅图像
img = cv2.imread('flower.png')
```

可利用 OpenCV 或 matplotlib 库绘制该图像。在大多数绘图时将采用 matplotlib，因为这将有助于在以后章节中绘制其他类型的数据。而在 OpenCV 中读取彩色图像的绘图函数定义如下。

```
def plot_cv_img(input_image):
    """
    Converts an image from BGR to RGB and plots
    """
    # 更改为适用于matplotlib的颜色通道顺序
    plt.imshow(cv2.cvtColor(input_image, cv2.COLOR_BGR2RGB))

    # 为便于查看，取消图像上的轴
    plt.axis('off')
    plt.show()
```

上述所读取的图像绘制如图 3-1 所示。

在 Python 中，图像是一个 NumPy 数组，因此所有数组操作在图像中仍有效。例如，可通过数组切片操作来裁剪图像。

图　3-1

```
plot_cv_img(img[100:400, 100:400])
```

结果如图 3-2 所示。

3.2　图像处理

图　3-2

正如前面所述，数字域中的图像（如计算机上的图像）可由网格结构组成，每个网格单元称为像素。这些像素存储了表征图像信息的值。对于一幅简单的灰度图像，这些像素存储了取值范围为 [0,255] 的整数值。更改这些像素值就会改变图像。基本的图像处理操作之一是修改像素值。

接下来，首先从像素级显示图像内容开始。为简单起见，将从灰度图像进行分析。

```
# 读取一幅图像
img = cv2.imread('gray_flower.png')
```

上述代码是直接从文件读取灰度图像，在这种情况下，图像为 png 格式。另外，还可以将一种图像颜色格式转换为另一种图像颜色格式。此处是将彩色图像转换为灰度图像，OpenCV 提供了以下函数来进行转换。

```
# 将rgb图像转换为灰度图像
gray_output = cv2.cvtColor(color_input, cv2.COLOR_BGR2GRAY)
```

之前的图像显示代码只是以彩色图像为输入，因此要显示灰度图像，还需要进行修改，代码如下。

```
def plot_cv_img(input_image,is_gray=False):
    """
    Takes in image with flag showing, if gray or not
    Plots image using matplotlib
    """
    # 更改为适用于matplotlib的颜色通道顺序
    if not is_gray:
        plt.imshow(cv2.cvtColor(input_image, cv2.COLOR_BGR2RGB))
    else:
        plt.imshow(input_image, cmap='gray')
```

```
# 为便于查看，取消图像上的轴
plt.axis('off')
plt.show()
```

这时，代码的输出结果如图 3-3 所示。

图　3-3

另外，还可以根据下列代码仅显示图像中的一个小图像块，此时是显示像素值。

```
# 读取图像
flower = cv2.imread('../figures/flower.png')

# 转换为灰度
gray_flower = cv2.cvtColor(flower, cv2.COLOR_BGR2GRAY)

# 提取像素块
patch_gray = gray_flower[250:260, 250:260]

# 绘制图像块并输出像素值
plot_cv_img(patch_gray, is_gray=True)
print(patch_gray)
```

这将会生成一个图像块并输出该图像块中的像素值（见

图 3-4 ）。

相应的像素值如下所示，值越小表示图像区域越暗。

图　3-4

```
[[142 147 150 154 164 113  39  40  39  38]
 [146 145 148 152 156  78  42  41  40  40]
 [147 148 147 147 143  62  42  42  44  44]
 [155 148 147 145 142  91  42  44  43  44]
 [156 154 149 147 143 113  43  42  42  48]
 [155 157 152 149 149 133  68  45  47  50]
 [155 154 155 150 152 145  94  48  48  48]
 [152 151 153 151 152 146 106  51  50  47]
 [155 157 152 150 153 145 112  50  49  49]
 [156 154 152 151 149 147 115  49  52  52]]
```

这些值就是像素强度值，以二维数组形式来表示。每个像素值的范围是 0 ~ 255。若要修改图像，可更改这些像素值。对图像进行简单滤波是执行点操作，目的是对每个像素值乘以和增加一个常量。在 3.3 节将详细介绍这种类型的滤波器。

本节对第 1 章中所讨论的基本 IO 操作进行了扩展。在下一节中，将介绍如何使用滤波器来进行图像处理，这些滤波器可用于智能手机、台式机甚至社交媒体应用中的图像编辑应用程序。

3.3　滤波器概述

滤波是对图像进行操作以便可用于其他计算机视觉任务或提供所需信息。滤波器可执行各种功能，如去除图像中的噪声，提取图像中的边缘，模糊图像，删除无关对象等。在此将学习其具体实现方法并理解执行结果。

滤波技术非常有必要，这是因为会存在一些因素可能导致在图像中产生噪声或不必要的信息。例如，在阳光下拍照，会在图像中产生大量明暗区域，或在夜间等不适宜的环境下，相机拍摄的图像可能含有大量噪声（噪点）。此外，图像中出现不必要的对象或颜色情况下，也可看作是噪声。

一个椒盐噪声示例如图 3-5 所示。

利用 OpenCV 可以很容易生成图 3-5，具体代码如下。

图　3-5

```
#  用零值初始化噪声图像
noise = np.zeros((400, 600))

#  用给定范围内的随机数填充图像
cv2.randu(noise, 0, 256)
```

图 3-6 所示，在灰度图像（左图）中添加加权噪声，使之生成的图像类似于右图。

图　3-6

实现代码如下。

```
#  对现有图像添加噪声
noisy_gray = gray + np.array(0.2*noise, dtype=np.int)
```

代码中，0.2 作为参数，增大或减少该值可生成不同强度的噪声。

在一些应用中，噪声在提高系统性能方面具有重要作用，特别是在使用下一章所介绍的基于深度学习的模型时。对于许多应用来说，了解应用程序对噪声的鲁棒性非常关键。

例如，希望为图像分类等应用而设计的模型也能处理有噪声的图像，因此，需要在图像中特意添加噪声以测试应用程序的精度。

3.3.1　线性滤波器

首先，最简单的一种滤波器是点运算子，即每个像素值都乘以一个标量值。该操作可表示为

$$g(i,j)=K \times f(i,j)$$

式中：

● 输入图像为 F，且点 (i,j) 的像素值记为 $f(i,j)$。

● 输出图像为 G，且点 (i,j) 的像素值记为 $g(i,j)$。

● K 为标量常量值。

这种对图像的操作称为线性滤波。本节将会进一步介绍更多类型的线性滤波器。除了乘以标量值之外，每个像素还可以增加或减少一个常量值。所以完整的点运算操作可表示为

$$g(i,j)=K \times f(i,j)+L$$

该操作可应用于灰度图像和 RGB 图像。对于 RGB 图像，将分别对每个通道执行该操作。图 3-7 是同时改变 K 和 L 的结果。左侧第一幅图像是输入图像。在第二幅图像中，$K=0.5$，$L=0.0$，而在第三幅图像中，$K=1.0$，$L=10$。对于右侧的最后一幅图像，$K=0.7$，$L=25$。由此可见，改变 K 会改变图像亮度，而改变 L 会改变图像的对比度。

图　3-7

上述图像可由下面代码生成。

```python
import numpy as np
import matplotlib.pyplot as plt
import cv2

def point_operation(img, K, L):
    """
    Applies point operation to given grayscale image
    """
    img = np.asarray(img, dtype=np.float)
    img = img*K + L
    # 裁剪像素值
    img[img > 255] = 255
    img[img < 0] = 0
    return np.asarray(img, dtype = np.int)
def main():
    # 读取一幅图像
    img = cv2.imread('../figures/flower.png')
    gray = cv2.cvtColor(img, cv2.COLOR_BGR2GRAY)
    # k = 0.5, l = 0
    out1 = point_operation(gray, 0.5, 0)

    # k = 1., l = 10
    out2 = point_operation(gray, 1., 10)

    # k = 0.8, l = 15
    out3 = point_operation(gray, 0.7, 25)
    res = np.hstack([gray,out1, out2, out3])
    plt.imshow(res, cmap='gray')
    plt.axis('off')

    plt.show()


if __name__ == '__main__':
    main()
```

1. 二维线性滤波器

上述滤波器是基于点操作的滤波器，图像像素具有像素相关信息。在图 3-7 所示的花卉图像中，花瓣的像素值都是黄色。若选择花瓣中的一个像素并四处比较，可以发现这些像素值都是非常接近的。这就提供了关于图像的更多信息。为在滤波过程中提取这些信息，现有一些邻域滤波器。

在邻域滤波器中,具有一个核矩阵,可捕获像素周围的局部区域信息。为阐述这些滤波器,首先从输入图像开始,如图 3-8 所示。

这是数字 2 的一个简单二进制图像。为从该图像中获得某些信息,可直接使用所有像素值。但为了简化起见,可对此应用滤波器。定义一个小于给定图像的矩阵,该矩阵在目标像素邻域执行操作。该矩阵称为核矩阵,示例如图 3-9 所示。

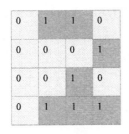

图 3-8 图 3-9

定义该操作首先将核矩阵叠加在原始图像上,然后取相应像素值的乘积,并返回所有乘积之和。在图 3-10 中,原始图像下部的 3×3 区域与给定核矩阵叠加,并将来自核矩阵和原始图像的相应像素值相乘。结果图像如右侧所示,这是之前所有像素值乘积之和。

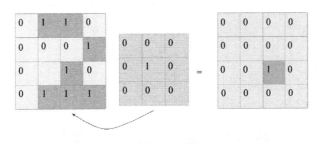

图 3-10

先沿图像行然后沿图像列滑动核矩阵,不断重复执行此操作。下面代码可实现这一过程,接下来的内容将分析在图像上执行该操作的效果:

```
# 设计一个核矩阵，此处为5×5的均匀矩阵
kernel = np.ones((5,5),np.float32)/25

# 应用于输入图像，此处为灰度输入
dst = cv2.filter2D(gray,-1,kernel)
```

但是，正如图 3-10 所示，这种操作会对角点像素产生较大影响，导致图像更小，这是因为在重叠时，核将位于图像区域之外。这样会使得在图像边缘产生黑色区域或黑洞。为解决该问题，现有一些常用方法：

● 用常量值（0 或 255）填充角点，OpenCV 默认采用该方法。

● 沿图像边缘将像素镜像到外部区域。

● 在图像周围创建一个像素模板。

具体选择何种方法将取决于实际任务。在一般情况下，填充方法便可产生令人满意的结果。

由于改变核矩阵的值会显著改变输出结果，因此核的作用最关键。接下来，首先介绍一种简单的基于核的滤波器，并改变其大小来分析对输出的影响。

2. 盒式滤波器

盒式滤波器是取像素平均值为核矩阵，表示如下。

$$\frac{1}{9}\begin{bmatrix} 1 & 1 & 1 \\ 1 & 1 & 1 \\ 1 & 1 & 1 \end{bmatrix}$$

应用该滤波器会使得图像模糊。结果如图 3-11 所示。

输入图像　　　　　　盒式滤波器(5, 5)

图　3-11

在图像的频域分析中，该滤波器是一种低通滤波器。频域分析是通过对图像进行傅里叶变换来完成的。由图 3-12 可知，增大核大小，图像会变得越来越模糊。

输入图像　　　　　盒式滤波器(10, 10)

图　3-12

随着增大核大小，可见结果图像会变得更加模糊。这是由于在执行核的小邻域中将像素值平均化。执行核大小为 20×20 后，结果如图 3-13 所示。

输入图像　　　　　盒式滤波器(20, 20)

图　3-13

但如果采用一个非常小的滤波器，如（3，3），则对输出结果的影响可忽略不计（见图 3-14），这是因为与图像大小相比，核非常小。在大多数应用中，核大小是根据图像大小启发式设置的。

输入图像　　　　　盒式滤波器(3, 3)

图　3-14

由盒式滤波生成图像的完整代码如下所示。

```
def plot_cv_img(input_image, output_image):
    """
    Converts an image from BGR to RGB and plots
    """

    fig, ax = plt.subplots(nrows=1, ncols=2)

    ax[0].imshow(cv2.cvtColor(input_image, cv2.COLOR_BGR2RGB))
    ax[0].set_title('Input Image')
    ax[0].axis('off')
    ax[1].imshow(cv2.cvtColor(output_image, cv2.COLOR_BGR2RGB))
    ax[1].set_title('Box Filter (5,5)')
    ax[1].axis('off')
    plt.show()

def main():
    # 读取图像
    img = cv2.imread('../figures/flower.png')
    # 尝试不同核，改变核大小
    kernel_size = (5,5)
    # OpenCV中具有基于盒的核以实现模糊化
    blur = cv2.blur(img,kernel_size)

    # 绘图
    plot_cv_img(img, blur)

if __name__ == '__main__':
    main()
```

3. 线性滤波器特性

一些计算机视觉应用的过程都是将输入图像经一步步变换形成最终输出的。鉴于常用类型滤波器（即线性滤波器）具有的一些关联特性，这很容易实现：

● 线性滤波器满足交换律，因此可按任意顺序对滤波器执行乘法运算，结果保持不变：

$$a*b=b*a$$

● 满足结合律，即执行滤波器的顺序不会影响结果：

$$(a*b)*c=a*(b*c)$$

● 在执行两个滤波器求和的情况下，可以先执行第一个求和，然后应用滤波器，或者也可以单独应用滤波器，然后对结果求和。总的输出结果保持不变：

$$b=(k+l)*a$$

● 一个滤波器乘以比例因子，然后再与另一滤波器相乘相当于先将两个滤波器相乘，然后再乘以比例因子。

这些特性在随后的计算机视觉任务中具有重要作用，如目标检测、分割等。这些滤波器的适当组合可提高信息提取的质量，从而提高准确度。

3.3.2　非线性滤波器

尽管在大多数情况下线性滤波器就足以获得所需的结果，但在其他一些应用中，采用非线性滤波器才能显著提高性能。顾名思义，非线性滤波器是由更复杂的运算组成的，具有某种非线性，因此这些滤波器不满足线性滤波器的某些或所有特性。

此处将通过具体实现方法来理解这些滤波器。

1. 平滑图像

对硬边界执行盒式滤波并不会导致输出图像平滑模糊。

为此，可通过滤波使得边缘更加平滑。一种常用的此类滤波器是高斯滤波器。这是一个对中心像素增强效果而对离中心较远的像素逐渐减弱效果的非线性滤波器。从数学上，高斯函数如下：

$$f(x) = \frac{1}{\sigma\sqrt{2\pi}} \exp\left(\frac{(x-\mu)^2}{2\sigma^2}\right)$$

式中，μ 是均值；σ 是方差。

在二维离散域，此类滤波器的一个核矩阵示例如下：

$$\frac{1}{256}\begin{bmatrix} 1 & 4 & 6 & 4 & 1 \\ 4 & 16 & 24 & 16 & 4 \\ 6 & 24 & 36 & 24 & 6 \\ 4 & 16 & 24 & 16 & 4 \\ 1 & 4 & 6 & 4 & 1 \end{bmatrix}$$

上述二维数组通常以归一化形式使用，且滤波器的效果取决于核的宽度值，通过改变核的宽度可改变输出结果，这将在后面章节中讨论。以高斯核为滤波器可去除高频分量，即去除明显的边缘，从而使得图像模糊，见图 3-15。

输入图像　　　　　　　　　　　　高斯模糊图像

图　3-15

与盒式滤波器相比，该滤波器可执行更好的模糊处理，且在 OpenCV 中实现也非常简单，代码如下。

```python
def plot_cv_img(input_image, output_image):
    """
    Converts an image from BGR to RGB and plots
    """
    fig, ax = plt.subplots(nrows=1, ncols=2)
    ax[0].imshow(cv2.cvtColor(input_image, cv2.COLOR_BGR2RGB))
    ax[0].set_title('Input Image')
    ax[0].axis('off')
    ax[1].imshow(cv2.cvtColor(output_image, cv2.COLOR_BGR2RGB))
    ax[1].set_title('Gaussian Blurred')
    ax[1].axis('off')
    plt.show()

def main():
    # 读取图像
```

```
img = cv2.imread('../figures/flower.png')
# 执行高斯模糊
# 核大小为5×5
# 可更改为其他大小
kernel_size = (5,5)
# 在行列方向上sigma值相同
blur = cv2.GaussianBlur(img,(5,5),0)
plot_cv_img(img, blur)

if __name__ == '__main__':
    main()
```

2. 直方图均衡

虽然改变亮度和对比度的基本的点运算操作有助于提高图像质量，但需要手动调节。采用算法实现的直方图均衡技术可创建效果更好的图像。直观来讲，该方法是尝试将亮度最高的像素设为白色，而将较暗的像素设为黑色。其余像素值也同样重新缩放。这种重新缩放是通过将原始强度分布转换为覆盖所有强度分布来实现的。一个均衡化示例如图 3-16 所示。

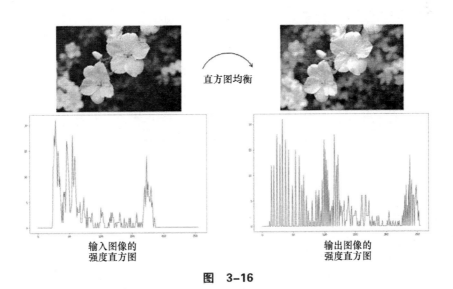

直方图均衡

输入图像的
强度直方图

输出图像的
强度直方图

图　3-16

图 3-16 所示的图像即是一个直方图均衡化的示例。右图是输出结果，由图可见，对比度显著增大。输入直方图如图 3-17 左图所示，可见图中并未观察到所有颜色。执行均衡化

后，得到的直方图如图 3-17 右图所示。为显示图像的均衡化结果，将输入图像和输出图像并排显示，如图 3-17 所示。

输入图像

直方图均衡化后的图像

图　3-17

图 3-17 的实现代码如下。

```python
def plot_gray(input_image, output_image):
    """
    Converts an image from BGR to RGB and plots
    """
    # 更改为适用于matplotlib的颜色通道顺序
    fig, ax = plt.subplots(nrows=1, ncols=2)

    ax[0].imshow(input_image, cmap='gray')
    ax[0].set_title('Input Image')
    ax[0].axis('off')
    ax[1].imshow(output_image, cmap='gray')
    ax[1].set_title('Histogram Equalized ')
    ax[1].axis('off')
    plt.savefig('../figures/03_histogram_equalized.png')

    plt.show()

def main():
    # 读取图像
    img = cv2.imread('../figures/flower.png')
    # 用于均衡化的灰度图像
    gray = cv2.cvtColor(img, cv2.COLOR_BGR2GRAY)

    # 下列函数对输入图像执行均衡化
    equ = cv2.equalizeHist(gray)
    # 并排显示输入和输出图像
    plot_gray(gray, equ)
if __name__ == '__main__':
    main()
```

3. 中值滤波器

中值滤波器采用了与邻域滤波器相同的技术；其中的关键技术是使用中值。因此，该滤波器也是非线性的。这在去除尖锐噪声（如椒盐噪声）方面非常有效。

该滤波器并非采用邻域像素值的乘积或总和，而是计算区域中的像素中值。这样就会去除该区域中可能因椒盐噪声等造成的随机峰值。在图 3-18 中显示了用于创建输出的不同大小的核。

在其中第一个输入图像中按通道依次添加了随机噪声，如下所示：

```
# 读取图像
flower = cv2.imread('../figures/flower.png')

# 用零值初始化噪声图像
noise = np.zeros(flower.shape[:2])

# 用给定范围内的随机数填充图像
cv2.randu(noise, 0, 256)

# 对现有图像按通道顺序依次添加噪声
noise_factor = 0.1
noisy_flower = np.zeros(flower.shape)
for i in range(flower.shape[2]):
    noisy_flower[:,:,i] = flower[:,:,i] + np.array(noise_factor*noise,
dtype=np.int)

# 转换为所需的数据类型
noisy_flower = np.asarray(noisy_flower, dtype=np.uint8)
```

对生成的噪声图像执行如下的中值滤波：

```
#执行核大小为5×5的中值滤波器
kernel_5 = 5
median_5 = cv2.medianBlur(noisy_flower,kernel_5)


#执行核大小为3×3的中值滤波器
kernel_3 = 3
median_3 = cv2.medianBlur(noisy_flower,kernel_3)
```

图 3-18 中给出了不同核大小（括号中的值）后的结果图像。其中，最右侧的图是最平滑的。

图　3-18

中值滤波的最常见应用是智能手机中的应用程序，通过对输入图像进行滤波并添加其他元素以增加艺术效果。

生成图 3-18 的代码如下。

```python
def plot_cv_img(input_image, output_image1, output_image2, output_image3):
    """
    Converts an image from BGR to RGB and plots
    """

    fig, ax = plt.subplots(nrows=1, ncols=4)

    ax[0].imshow(cv2.cvtColor(input_image, cv2.COLOR_BGR2RGB))
    ax[0].set_title('Input Image')
    ax[0].axis('off')
    ax[1].imshow(cv2.cvtColor(output_image1, cv2.COLOR_BGR2RGB))
    ax[1].set_title('Median Filter (3,3)')
    ax[1].axis('off')

    ax[2].imshow(cv2.cvtColor(output_image2, cv2.COLOR_BGR2RGB))
    ax[2].set_title('Median Filter (5,5)')
    ax[2].axis('off')

    ax[3].imshow(cv2.cvtColor(output_image3, cv2.COLOR_BGR2RGB))
    ax[3].set_title('Median Filter (7,7)')
    ax[3].axis('off')
    plt.show()

def main():
    # 读取图像
    img = cv2.imread('../figures/flower.png')

    # 计算不同核大小的中值滤波图像
    median1 = cv2.medianBlur(img,3)
    median2 = cv2.medianBlur(img,5)
    median3 = cv2.medianBlur(img,7)
    # 绘图
    plot_cv_img(img, median1, median2, median3)
```

```
if __name__ == '__main__':
    main()
```

3.3.3　图像梯度

照片中有更多的边缘检测器或急剧变化。图像梯度广泛应用于目标检测和分割任务。本节将学习如何计算图像梯度。首先，对图像求导操作是执行计算某一方向上变化的核矩阵。

Sobel 滤波器就是这样一种滤波器，其在 x 方向上的核如下所示：

$$\frac{1}{8}\begin{bmatrix} -1 & 0 & 1 \\ -2 & 0 & 2 \\ -1 & 0 & 1 \end{bmatrix}$$

在 y 方向上的核为

$$\frac{1}{8}\begin{bmatrix} 1 & 2 & 1 \\ 0 & 0 & 0 \\ -1 & -2 & -1 \end{bmatrix}$$

通过计算在图像上叠加核的值，这类似于线性盒式滤波器的方式。然后，滤波器沿图像移动计算所有值。一些示例结果如下，图中，X 和 Y 表示 Sobel 核的方向。

这也称为相对于给定方向（在此是 X 或 Y）对图像求导。如图 3-19 所示，结果图像中（中间和右侧）较浅的区域是正梯度，而较深的区域是负梯度，且灰度为零。

输入图像　　　　　　　　　X Sobel　　　　　　　　　Y Sobel

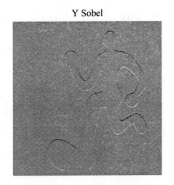

图　3-19

Sobel 滤波器对应于图像的一阶导数，而 Laplacian（拉普拉斯）滤波器则给出了图像的二阶导数。Laplacian 滤波器与 Sobel 的执行方式类似，如图 3-20 所示。

输入图像 　　　　　Laplacian 图像 　　　　　高斯拉普拉斯算子

图　3-20

实现 Sobel 和 Laplacian 滤波器的代码如下。

```
# sobel
x_sobel = cv2.Sobel(img,cv2.CV_64F,1,0,ksize=5)
y_sobel = cv2.Sobel(img,cv2.CV_64F,0,1,ksize=5)

# laplacian
lapl = cv2.Laplacian(img,cv2.CV_64F, ksize=5)

# 高斯模糊
blur = cv2.GaussianBlur(img,(5,5),0)
# laplacian of gaussian
log = cv2.Laplacian(blur,cv2.CV_64F, ksize=5)
```

3.4　图像变换

图像的变换操作通常是指在图像上执行几何变换。另外，还有一些其他变换，不过在本节中只介绍几何变换。几何变换包括，但不限于移动图像、沿某轴旋转图像，或将其投影到不同平面上。

变换的核心是图像的矩阵乘法。此处将研究变换矩阵的不同分量和结果图像。

3.4.1　平移

通过创建一个变换矩阵，并对图像进行变换可实现图像在任意方向上的位移。仅实现平移的变换矩阵如下：

$$T = \begin{bmatrix} 0 & 1 & t_x \\ 1 & 0 & t_y \end{bmatrix}$$

式中，t_x 是在参考图像的 x 方向上的平移；t_y 是在 y 方向上的平移。选择不同值的变换矩阵，结果如图 3-21 所示。

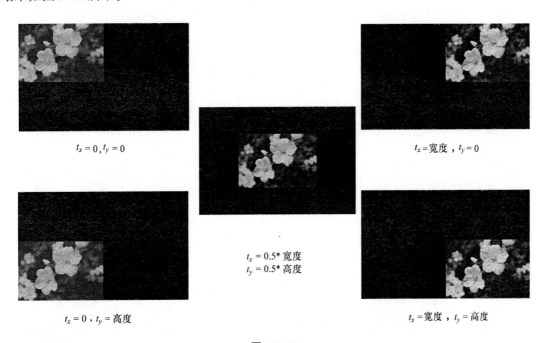

$t_x = 0, t_y = 0$

$t_x = 宽度，t_y = 0$

$t_x = 0.5* 宽度$
$t_y = 0.5* 高度$

$t_x = 0，t_y = 高度$

$t_x = 宽度，t_y = 高度$

图　3-21

在图 3-21 中，输出图像要大于输入图像，以显示平移效果，否则，将仅显示原始图像大小内的图像可见区域。

实现该平移的代码如下，此处，改变 t_x 和 t_y 的值将会实现不同平移。

```
# 输入形状
w, h = flower.shape[1], flower.shape[0]

# 创建平移矩阵
tx = w/2 # half of width
ty = h/2 # half of height
```

```
translation_matrix = np.float32([[1,0,tx],
                                 [0,1,ty]])

# 利用warp affine函数执行平移操作
output_size = (w*2,h*2)
translated_flower = cv2.warpAffine(flower, translation_matrix, output_size)
```

3.4.2 旋转

与平移类似，通过创建一个变换矩阵也可以旋转图像。此处不是创建平移矩阵，在 OpenCV 中，如果给定旋转角度 θ，则可创建下列旋转矩阵：

$$\begin{bmatrix} \alpha & \beta & (1-\alpha).\mathrm{center}_x - \beta.\mathrm{center}_y \\ -\beta & \alpha & \beta.\mathrm{center}_x - (1-\alpha).\mathrm{center}_y \end{bmatrix}$$

式中，$\begin{aligned} \alpha &= \mathrm{scale}.\cos\theta \\ \beta &= \mathrm{scale}.\sin\theta \end{aligned}$

执行结果示例如图 3-22 所示。

旋转角度 = +30°　　　旋转角度 = -30°　　　旋转角度 = +90°

图　3-22

针对图 3-22 的结果，执行代码如下。

```
# 输入形状
w, h = flower.shape[1], flower.shape[0]

# 创建旋转矩阵
rot_angle = 90 # 单位为°
```

```
scale = 1 # 保持大小不变
rotation_matrix = cv2.getRotationMatrix2D((w/2,h/2),rot_angle,1)

# 利用warp Affine进行旋转
output_size = (w*2,h*2)
rotated_flower = cv2.warpAffine(flower,rotation_matrix,output_size)
```

同理，也可通过结合旋转和平移以及缩放来进行变换，由此，将会保留线条之间的角度。

3.4.3　仿射变换

通过仿射变换，在输出图像中仅保留平行线。一个示例的输出图像如图 3-23 所示。

图　3-23

图像处理的执行代码如下。

```
# 由预选点创建变换矩阵
pts1 = np.float32([[50,50],[200,50],[50,200]])
pts2 = np.float32([[10,100],[200,50],[100,250]])

affine_tr = cv2.getAffineTransform(pts1,pts2)
transformed = cv2.warpAffine(img, affine_tr,
(img.shape[1]*2,img.shape[0]*2))
```

3.5　图像金字塔

金字塔是指对图像进行重新缩放，以提高或降低分辨率。其通常用于提高计算机视觉算法的计算效率，例如在一个海量数据库中进行图像匹配。在这种情况下，图像匹配是在下采样图像上进行计算的，然后在搜索时迭代优化以获得更高的图像分辨率。

下采样和上采样通常取决于像素选择过程。最简单的一种过程是交替选择行和列像素值，以创建图像的下采样版本，如图 3-24 所示。

图　3-24

但如果尝试从图 3-24 中最右边的图像上采样，则结果如图 3-25 所示。

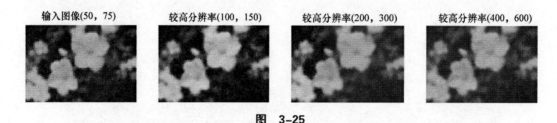

图　3-25

显而易见，图 3-25 最右边的图像与开始时的原始图像不一样。这是由于在下采样过程中丢失了部分信息，因此，无法以与原始图像相同的方式重新创建图像。在 OpenCV 中，在下采样或上采样之前，输入图像也会变得模糊，这也进一步导致难以保持原样。

下采样执行代码如下。

```
# 通过取宽度和高度值的一半来下采样图像
# 输入:(h, w) --> 输出:(h/2, w/2)
lower_resolution_img = cv2.pyrDown(img)
```

对于上采样，是取高度和宽度值的两倍，代码如下所示。

```
# 通过取两倍的宽度和高度值来上采样图像
# 输入:(h, w) --> 输出:(h*2, w*2)
higher_resolution_img = cv2.pyrUp(img)
```

3.6　小结

在本章中，我们通过执行各种操作开始了初始图像分析。首先讨论了点滤波器，并扩展到更复杂的线性和非线性滤波器。分析了不同参数（如不同核大小等）下的可视化结果。非线性滤波器（如直方图均衡）可进一步优化线性滤波器难以处理的图像。本章介绍的图像梯度在目标检测、图像分割等复杂任务中非常常见。另外，还介绍了各种变换方法，如平移、旋转、仿射变换，以及给定不同参数条件下的输出可视化。各种变换可通过级联方式得到组合变换结果。最后，介绍了图像的下采样和上采样方法，其分别对提高运算速度和提取更丰富的信息有着重要作用。

在下一章中，我们将介绍不同的特征和特征提取方法，并阐述其各自的重要性。

第 *4* 章

什么是特征

在上一章中，我们主要介绍了图像滤波并对其执行不同变换操作。这些都是进行图像分析的好方法，但是不足以满足大多数计算机视觉任务的需求。例如，若要为一个购物商店开发一个产品检测程序，仅通过计算边缘可能不足以判断图像中是橙子还是苹果。另一方面，如果是人工执行相同任务，则会很直观地区分是橙子还是苹果。这是因为人类感知系统综合了一些特征，如纹理、颜色、表面、形状、反射等，从而可以区分不同物体。这就促使我们寻找更多与目标对象的复杂特征相关的细节信息。这些复杂特征可用于图像识别、搜索等高层次的图像视觉任务。然而，也有一些人直接撞到玻璃墙的情况，这是因为他们没有获取到足够的特征来判断这是自由空间还是玻璃。

本章将首先从解释特征及其在计算机视觉中的重要性开始。随后，介绍不同类型的特征提取器，如 Harris 角点检测器、FAST 关键点检测器、ORB 特征检测器等。另外，还介绍了如何利用 OpenCV 实现对上述各种检测器所检测的关键点的可视化。最后，通过两种类似应用，表明 ORB 特征的有效性。除此之外，还简要讨论了黑箱特征。

4.1　特征用例

以下是在计算机视觉中常用的一些通用应用。

● 现有两幅图像，想要量化这两幅图像是否匹配。假设存在一种比较性测度值，若该比较性测度值大于阈值，则认为图像匹配。

● 另一个示例中，我们有一个大型的图像数据库，对于一幅新的图像，我们希望执行类似于匹配的操作。此处，不必针对每幅图像进行重复计算，而是可以存储一个更小、更易于搜索且足够鲁棒的图像匹配表征。其通常称为图像的特征向量。一旦出现新的图像，就提取新图像中的相似表征，并在之前生成的数据库中搜索最接近的匹配。这种表征通常是根据特征来表示的。

● 另外，在搜索对象的情况下，会有一个对象或区域的小图像，称为模板。目标就是检查一幅图像中是否存在这一模板。这需要将模板中的关键点与给定的样本图像进行匹配。如果匹配值大于某一阈值，则认为样本图像具有与给定模板相似的区域。为进一步提高搜索能力，还可以在样本图像中显示出模板图像的所在位置。

同理，计算机视觉系统也需要学习描述对象的一些特征，从而很容易地与其他对象进行区分。

在设计图像匹配或目标检测应用软件时，检测的基本流程是从机器学习的角度而制定的。这意味着是首先获取一组图像，提取重要信息，然后学习模型，并在新图像上利用所学习的模型来检测相似对象。本节将对此着重讨论。

一般来说，图像匹配过程如下。

● 第一步是从给定图像中提取鲁棒特征。这包括在整个图像中搜索可能的特征，然后对其进行阈值化。现有一些特征选择方法，如 SIFT[3]、SURF[4]、FAST[5]、BRIEF[6]、ORB

检测器[2]等。在某些情况下，所提取的特征需转换为更具描述性的形式，以便模型可以学习，或进行保存以便重新读取。

● 在特征匹配情况下，给定一个样本图像，查看其是否与参考图像匹配。如前所述，在特征检测和提取之后，生成一个距离度量，以计算样本特征相对于参考特征之间的距离。若该距离值小于阈值，则认为两幅图像相似。

● 对于特征跟踪问题，省略了上述的特征匹配步骤。不必进行全局特征匹配，而重点进行邻域匹配。这常用于图像防抖、目标跟踪或运动检测等情况。

4.1.1　数据集和库

本章将利用 OpenCV 库来进行特征检测和匹配。采用 matplotlib 生成各种图。在此，将采用自定义图像来显示各种算法的结果。不过，这里提供的代码也可用于网络摄像机或其他自定义图像。

4.1.2　为何特征如此重要

特征在创建高质量计算机视觉系统中具有重要作用。首先能想到的第一种特征就是像素。为创建一种比较工具，通常是采用两幅图像像素值间距离的方均值。然而，这并不鲁棒，因为很少存在完全相同的两幅图像。图像之间总是存在一些相机移动和光照的变化，即使图像非常相似，计算像素值之间的差异也会有很大值。

另外，还有其他类型的特征需考虑图像的局部属性和全局属性。局部属性是指图像邻域的统计信息，而全局属性是指考虑整体图像的统计信息。由于图像的局部属性和全局属性都提供了有关图像的重要信息，因此计算能够捕获这些信息的特征将会使它们在应用程序中更加鲁棒和准确。

特征检测器最基本的形式是点特征。在智能手机上创建全景图像等功能的应用程序中，就是将每幅图像与相应的前一幅图像拼接。这种图像拼接就需要以像素级精度计算图像重叠的正确方向。计算两幅图像之间的对应像素需要用到像素匹配。

4.2 Harris 角点检测

采用 Harris 角点检测技术进行特征点检测,首先选择一个称为窗口的矩阵,该窗口尺寸要小于图像尺寸。

基本方法是首先在输入图像上重叠所选择的窗口,并只观察来自输入图像的重叠区域。随后该窗口在图像上移动,并观察新的重叠区域。在此过程中,会出现三种不同情况。

● 如果是一个平面,则无论窗口朝哪个方向移动,都无法观察到窗口区域中的任何变化。这是因为窗口区域中没有边缘或角点。

● 第二种情况,窗口与图像边缘重叠并移动。如果窗口沿边缘方向移动,则无法观察窗口中的任何变化。同时,如果窗口向任何其他方向移动,则可以很容易地观察到窗口区域的变化。

● 最后,如果窗口与图像中的一个角点重叠并移动,其中,角点是两条边的交点,则大多数情况下,都能够观察到窗口区域的变化。

Harris 角点检测就是根据上述特性构建的得分函数。从数学上分析,公式如下:

$$E[u,v] = \sum_{x,y} w(x,y)\big[I(x+u)(y+v) + I(x,y)\big]$$

式中,w 为一个窗口;u 和 v 是移位;I 为图像像素值。输出 E 是目标函数,并通过相对于 u 和 v 最大化得到图像 I 中的角点像素。

Harris 角点检测得分会表明是否存在边、角点或平面。图 4-1 给出了不同类型图像的 Harris 角点情况。

在图 4-1 中,上一行图为输入图像,而下一行图为检测到的角点。这些角点以较小的灰度像素值显示,并相对应于输入图像中的位置。要在给定彩色图像中生成角点图像,可采用以下代码。

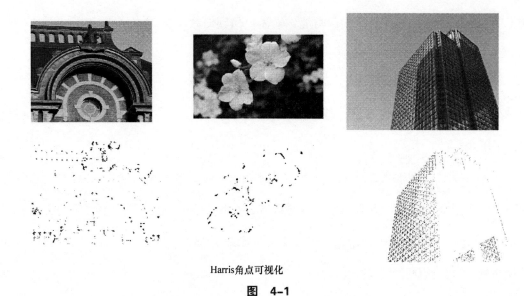

Harris角点可视化

图　4-1

```
# 加载图像并转化为灰度图
img = cv2.imread('../figures/flower.png')
gray = cv2.cvtColor(img, cv2.COLOR_BGR2GRAY)

# Harris角点参数
block_size = 4 # 协方差矩阵大小
kernel_size = 3 # 邻域核
k = 0.01 # Harris角点得分参数

# 计算Harris角点
corners = cv2.cornerHarris(gray, block_size, kernel_size, k)

# 生成角点图像
display_corner = np.ones(gray.shape[:2])
display_corner = 255*display_corner
# 设置角点得分阈值
thres = 0.01 # 大于最大值的1%
display_corner[corners>thres*corners.max()] = 10 # 显示像素值

# 设置显示
plt.figure(figsize=(12,8))
plt.imshow(display_corner, cmap='gray')
plt.axis('off')
```

通过改变协方差矩阵大小、邻域核大小和 Harris 得分等参数，可以生成不同数量的角点。下一节将介绍更鲁棒的特征检测器。

4.2.1　FAST 特征

许多特征检测器无法应用于实时应用中，如配置有摄像头的机器人在街上移动。任何延迟都可能会降低机器人的功能或导致整体系统失效。特征检测并不是机器人系统的唯一组成部分，但如果这影响到运行时，为了使其能够实时工作则会对其他任务造成很大开销。

FAST（加速段测试的特征）[5] 是由 Edward Rosten 和 Tom Drummond 于 2006 年提出的。该算法是利用像素邻域来计算图像中的关键点。FAST 特征检测算法如下：

1）根据强度 $I(i,j)$ 选择感兴趣的候选像素点（i,j）（见图 4-2）。

2）在一个具有 16 个像素的圆内，给定阈值 t，估计 n 个相邻点，这些点的亮度要高于或低于阈值 t 的像素强度（i,j）。这样就变成小于 $I(i,j)+t$ 或大于 $I(i,j)-t$ 的 n 个像素，其中 n 为 12。

3）在快速测试中，只观察 1、9、5 和 13 这四个像素（如图 4-2 所示）。其中至少三个像素的强度值决定了中心像素 p 是否是角点。如果这些值大于 $I(i,j)+t$ 或小于 $I(i,j)-t$，则认为中心像素为角点。

在 OpenCV 中，计算 FAST 特征的步骤如下。

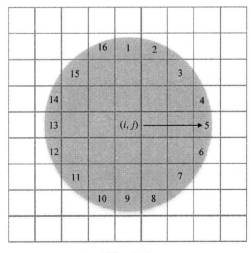

图　4-2

1）利用 cv2.FastFeatureDetector_create() 初始化检测器。

2）设置筛选检测的阈值参数。

3）若采用非最大抑制来清除重复检测的邻域区域，则设置一个标志。

4）检测关键点并在输入图像上绘制。

在图 4-3 中，在输入图像上绘制了不同阈值的 FAST 角点（小圆圈表示）。根据图像，选择不同阈值会产生不同数量的关键特征点。

FAST 关键点 (th = 5) FAST 关键点 (th =10) FAST 关键点 (th =15) FAST 关键点 (th =50)

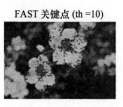  

图　4-3

要生成图 4-3 中的每个图像，请更改阈值后使用以下代码。

```python
def compute_fast_det(filename, is_nms=True, thresh = 10):
    """
    Reads image from filename and computes FAST keypoints.
    Returns image with keypoints
    filename: input filename
    is_nms: flag to use Non-maximal suppression
    thresh: Thresholding value
    """
    img = cv2.imread(filename)
    # 以默认值初始化FAST对象

    fast = cv2.FastFeatureDetector_create()

    # 寻找并绘制关键点
    if not is_nms:
        fast.setNonmaxSuppression(0)

    fast.setThreshold(thresh)

    kp = fast.detect(img,None)
    cv2.drawKeypoints(img, kp, img, color=(255,0,0))
    return img
```

图 4-4 显示了同一检测器在不同阈值图像上的变化。

图　4-4

这表明对于不同图像，参数选择非常关键。尽管一个通用阈值不能用于所有图像，但根据图像的相似性，可进行良好的近似。

4.2.2　ORB 特征

尽管采用上述角点检测器计算速度很快，但在匹配两幅图像时，很难选择对应像素匹配的两个图像角点。这时需要描述角点属性的其他信息。通过将检测到关键点（如角点）和相应的描述符相结合，可使得图像匹配更加高效和鲁棒。

ORB 特征检测[2] 是由 Ethan Rublee 等人于 2011 年提出的，现已成为各种应用中的常用特征之一。其中综合了两种算法：具有方向分量的 FAST 特征检测器和 BRIEF 描述子，因此命名为面向 FAST 算法和旋转 BRIEF（ORB）。采用 ORB 特征的主要优点是检测速度快，同时保持检测鲁棒。这使其在机器人视觉系统、智能手机应用程序等实时应用中非常有效。

本章已介绍了 FAST 特征检测器，接下来，将进一步介绍 BRIEF 描述子，并最终构建 ORB 检测器。

1. FAST 特征局限性

上节中介绍的 FAST 特征是利用邻域像素计算图像中的角点。通过沿像素周围的一个圆形区域来创建比较测试，从而可快速计算特征。FAST 特征在实时应用程序中非常有效，且不会产生特征的旋转信息。但如果要寻找方向不变的特征，则会具有局限性。

在 ORB 中，FAST 特征是结合方向信息一起使用的。利用 9 个像素的圆半径，计算强度质心和角点中心之间的一个向量用于描述给定角点的方向。某一给定区域的强度质心计算如下。

● 对于图像 I 和窗口，特征矩计算公式如下：

$$m_{p,q} = \sum_{x,y} x^p y^q I(x,y)$$

● 根据上述特征矩，给定区域的强度质心为

$$C = \left(\frac{m_{1,0}}{m_{0,0}} \quad \frac{m_{0,1}}{m_{1,1}} \right)$$

由于已知区域的中心 O，则连接向量 $\overline{OC}$ 即为区域的方向。在接下来的内容中，将介绍采用该方法来整体实现 ORB 特征检测器。

2. BRIEF 描述子及其局限性

常用的特征描述子如 SIFT 或 SURF 是分别输出大小为 128 维和 64 维的大向量。在图像搜索等应用中，大多是保存和搜索特征而不是原始图像。如果图像数量达到数十万，这将会使得计算更加复杂，并且可能会导致内存效率低下。在这种情况下，需要增加简单的降维步骤，不过可能会降低整体效率。Michael Calonder 及其同事提出了一种 BRIEF 描述子：二进制鲁棒独立基本特征[6]，其可以消耗更少的内存来解决上述问题。

BRIEF 计算图像块中的强度差异，并将其表示为二进制字符串。这不仅使得执行速度更快，而且描述子还保持了良好的准确性。然而，目前除了将 BRIEF 与 FAST 检测器相结合以外，还没有一种 BRIEF 特征检测器能使之更为有效。

3. 基于 OpenCV 的 ORB 特征

下列代码是利用了 OpenCV 中的 ORB 特征实现的。

其中包括三个步骤，具体描述如下。

● 首先，创建一个 ORB 对象并更新参数值。

```
orb = cv2.ORB_create()
# 设置参数
orb.setScoreType(cv2.FAST_FEATURE_DETECTOR_TYPE_9_16)
```

● 根据上述创建的 ORB 对象，检测关键点。

```
# 检测关键点
kp = orb.detect(img,None)
```

● 最后，对每个检测到的关键点，计算描述子。

```
# 对检测到的关键点计算描述子
kp, des = orb.compute(img, kp)
```

ORB 关键点检测和描述子提取的完整代码如下。

```
import numpy as np
import matplotlib.pyplot as plt
import cv2
# 若采用jupyter notebook，则注释下一行

# %matplotlib inline
# 绘制notebook中的图


def compute_orb_keypoints(filename):
    """
    Reads image from filename and computes ORB keypoints
    Returns image, keypoints and descriptors.
    """
    # 加载图像
    img = cv2.imread(filename)
    # 创建ORB对象
    orb = cv2.ORB_create()
    # 设置参数
    # FAST特征类型
    orb.setScoreType(cv2.FAST_FEATURE_DETECTOR_TYPE_9_16)
    # 检测关键点
    kp = orb.detect(img,None)

    # 对检测到的关键点计算描述子
    kp, des = orb.compute(img, kp)
    return img, kp, des
```

一个生成关键点的示例如图 4-5 所示（见圆圈）。

图　4-5

由图 4-6 可知，对于不同图像中不同形状的对象，会生成不同的特征点。

图　4-6

为了绘制图 4-6 中的不同关键点，可使用 OpenCV 和 Matplotlib 实现，代码如下。

```
def draw_keyp(img, kp):
    """
    Takes image and keypoints and plots on the same images
    Does not display it.
    """
```

```
        cv2.drawKeypoints(img,kp,img, color=(255,0,0), flags=2)
        return img


def plot_img(img, figsize=(12,8)):
    """
    Plots image using matplotlib for the given figsize
    """
    fig = plt.figure(figsize=figsize)
    ax = fig.add_subplot(1,1,1)

    # 需将图像转换为适合于绘图的RGB格式
    ax.imshow(cv2.cvtColor(img, cv2.COLOR_BGR2RGB))
    plt.axis('off')
    plt.show()

    def main():
        # 读取图像
        filename = '../figures/flower.png'
        # 计算ORB关键点
        img1,kp1, des1 = compute_orb_keypoints(filename)
        # 在图像上绘制关键点
        img1 = draw_keyp(img1, kp1)
        # 绘制具有关键点的图像
        plot_img(img1)

    if __name__ == '__main__':
        main()
```

　　本节介绍了 ORB 特征的形成，该特征不仅结合了鲁棒特征，还提供了描述子以便于与其他特征进行比较。这是一个功能强大的特征检测器，但针对不同任务明确设计一个特征检测器需要选择有效参数，如 FAST 检测器的块大小，BRIEF 检测器参数等。对于初学者，设置这些参数可能是一项相当麻烦的任务。在下一节中，我们将讨论黑箱特征及其在构建计算机视觉系统中的重要性。

4.2.3　黑箱特征

　　之前讨论的特征都是高度依赖图像到图像的基本知识。在特征检测时面临的一些挑战如下。

● 在光照变化情况下，如夜间图像或日间图像，在像素强度值和邻域区域上都有着显著差异。

● 随着对象朝向的变化，关键点描述子也会发生显著变化。为匹配相应特征，需要选择合适的描述子参数。

鉴于这些难题，其中所用的一些参数往往需要由专家进行调整。

近年来，神经网络在计算机视觉领域中的应用越来越多。由于其精度更高，手动调节参数更少，因此神经网络也越来越得到广泛应用。在此将其称为黑箱特征，其中"黑"只是指神经网络的设计方式。在大多数黑箱模型的部署中，参数都是通过训练学习而获得的，且参数设定所需的监督最少。对特征检测进行建模的黑箱模型通过学习图像数据集来获得更好的特征。该数据集由不同变化的图像组成，因此，即使在图像类型变化较大的情况下，所学习的检测器也能提取较好的特征。在下一章将以 CNN 来研究这些特征检测器。

4.2.4　应用——在图像中检测目标对象

利用特征的最常见应用是给定一个对象，然后在图像中找到其可能的最佳匹配，这一般称为模板匹配，其中对象通常是一个称为模板的小窗口，目标是计算从该模板到目标图像的最佳匹配特征。现已存在一些解决方案，不过为便于理解，在此将采用 ORB 特征。

利用 ORB 特征，可以一种暴力方式进行特征匹配，如下所示。

● 计算每幅图像（模板和目标图像）中的特征。

● 对于模板中的每个特征，比较之前检测到的目标图像中的所有特征。以匹配得分作为评价标准。

● 如果特征对满足标准，则认为匹配。

● 绘制匹配以实现可视化。

作为一个前提条件，将按照前面给出的代码来提取特征，如下所示。

```
def compute_orb_keypoints(filename):
    """
```

```
Takes in filename to read and computes ORB keypoints
Returns image, keypoints and descriptors
"""

img = cv2.imread(filename)
# 创建ORB对象
orb = cv2.ORB_create()
# 设置参数
orb.setScoreType(cv2.FAST_FEATURE_DETECTOR_TYPE_9_16)
# 检测关键点
kp = orb.detect(img,None)

# 根据关键点计算描述子
kp, des = orb.compute(img, kp)
return img, kp, des
```

一旦获得每幅图像的关键点和描述子，则可利用这些信息进行比较和匹配。

两幅图像间的关键点匹配过程包括两个步骤。

● 创建指定所用距离度量的特定类型的匹配器。在此，将采用基于 Hamming 距离的暴力匹配，即

```
bf = cv2.BFMatcher(cv2.NORM_HAMMING2, crossCheck=True)
```

● 针对每幅图像中的关键点，使用描述子进行匹配，具体如下。

```
matches = bf.match(des1,des2)
```

在下面的代码中，将展示仅采用相应描述子将两幅图像中的关键点依次匹配的完整暴力匹配方法，如下所示。

```
def brute_force_matcher(des1, des2):
    """
    Brute force matcher to match ORB feature descriptors
    des1, des2: descriptors computed using ORB method for 2 images
    returns matches
    """
    # 创建BFMatcher对象
    bf = cv2.BFMatcher(cv2.NORM_HAMMING2, crossCheck=True)
    # 匹配描述子
    matches = bf.match(des1,des2)
```

```
# 按距离进行排序
matches = sorted(matches, key = lambda x:x.distance)

return matches
```

在图 4-7 中，模板特征与原始图像相匹配。为表明匹配的有效性，在此仅显示最佳匹配。

该特征匹配图像是通过以下代码创建的，其中是利用一个样本模板图像来匹配同一对象的较大图像，即

图　4-7

```
def compute_img_matches(filename1, filename2, thres=10):
    """
    Extracts ORB features from given filenames
    Computes ORB matches and plot them side by side
    """
    img1, kp1, des1 = compute_orb_keypoints(filename1)
    img2, kp2, des2 = compute_orb_keypoints(filename2)
    matches = brute_force_matcher(des1, des2)
    draw_matches(img1, img2, kp1, kp2, matches, thres)

def draw_matches(img1, img2, kp1, kp2, matches, thres=10):
    """
    Utility function to draw lines connecting matches between two images.
    """
```

```
draw_params = dict(matchColor = (0,255,0),
                    singlePointColor = (255,0,0),
                    flags = 0)

# 绘制第一个匹配

    img3 = cv2.drawMatches(img1,kp1,img2,kp2,matches[:thres],None,
**draw_params)
    plot_img(img3)



def main():
    # 读取图像
    filename1 = '../figures/building_crop.jpg'
    filename2 = '../figures/building.jpg'

    compute_img_matches(filename1, filename2)


if __name__ == '__main__':
    main()
```

4.2.5　应用——是否相似

在这个应用程序中，希望利用之前介绍的特征检测器来查看两幅图像是否相似。为此，采用前面介绍的一种类似方法。第一步是计算每幅图像的特征关键点和描述子。利用这些信息可以在一幅图像与另一幅图像之间进行匹配。如果有足够多的匹配，则可认为这两幅图像是相似的。

鉴于这一要求，采用了相同的 ORB 关键点和描述子提取器，只是添加了图像的下采样，代码如下。

```
def compute_orb_keypoints(filename):
    """
    Takes in filename to read and computes ORB keypoints
    Returns image, keypoints and descriptors
    """

    img = cv2.imread(filename)
    # 下采样图像4倍
    img = cv2.pyrDown(img) # downsample 2x
    img = cv2.pyrDown(img) # downsample 4x
```

```python
    # 创建ORB对象
    orb = cv2.ORB_create()
    # 设置参数
    orb.setScoreType(cv2.FAST_FEATURE_DETECTOR_TYPE_9_16)
    # 检测关键点
    kp = orb.detect(img,None)

kp, des = orb.compute(img, kp)
return img, kp,  des
```

根据之前计算所得的关键点和描述子，具体代码及匹配过程、结果（见图 4-8）如下。

```python
def compute_img_matches(filename1, filename2, thres=10):
    """
    Extracts ORB features from given filenames
    Computes ORB matches and plot them side by side
    """
    img1, kp1, des1 = compute_orb_keypoints(filename1)
    img2, kp2, des2 = compute_orb_keypoints(filename2)
    matches = brute_force_matcher(des1, des2)
    draw_matches(img1, img2, kp1, kp2, matches, thres)
def brute_force_matcher(des1, des2):
    """
    Brute force matcher to match ORB feature descriptors
    """
    # 创建BFMatcher对象
    bf = cv2.BFMatcher(cv2.NORM_HAMMING2, crossCheck=True)
    # 匹配描述子
    matches = bf.match(des1,des2)

    # 按距离进行排序
    matches = sorted(matches, key = lambda x:x.distance)

    return matches

def draw_matches(img1, img2, kp1, kp2, matches, thres=10):
    """
    Utility function to draw lines connecting matches between two images.
    """
    draw_params = dict(matchColor = (0,255,0),
                       singlePointColor = (255,0,0),
                       flags = 0)

    # 绘制第一个匹配
    img3 = cv2.drawMatches(img1,kp1,img2,kp2,matches[:thres],None,
**draw_params)
    plot_img(img3)
```

```
def main():
    # 读取图像
    filename2 = '../figures/building_7.JPG'
    filename1 = '../figures/building_crop.jpg'
    compute_img_matches(filename1, filename2, thres=20)

if __name__ == '__main__':
    main()
```

图　4-8

本节介绍了两种使用 ORB 关键点和暴力匹配器进行图像匹配的类似方法。匹配过程可通过采用更快速的算法（如近似邻域匹配）来进一步增强。快速匹配的效果主要体现在提取大量特征关键点的情况下。

4.3　小结

本章讨论了特征及其在计算机视觉应用中的重要性。Harris 角点检测器是用于在运行时非常重要的情况下检测角点。该检测器可在嵌入式设备上高速运行。进一步扩展到更复杂的检测器，还介绍了 FAST 特征，并与 BRIEF 描述子相结合，可形成 ORB 特征。这些特征在不同尺度和旋转下都很鲁棒。最后，介绍了使用 ORB 特征进行特征匹配的应用以及金字塔下采样的应用。

　　下一章将通过介绍神经网络，尤其是 CNN，来继续讨论黑箱特征。

参考文献

- Harris Chris, and Mike Stephens. *A combined corner and edge detector*. In Alvey vision conference, vol. 15, no. 50, pp. 10-5244. 1988.
- Rublee Ethan, Vincent Rabaud, Kurt Konolige, and Gary Bradski. *ORB: An efficient alternative to SIFT or SURF*. In Computer Vision (ICCV), 2011 IEEE international conference on, pp. 2564-2571. IEEE, 2011.
- Lowe David G. *Object recognition from local scale-invariant features*. In Computer vision, 1999. The proceedings of the seventh IEEE international conference on, vol. 2, pp. 1150-1157. IEEE, 1999.
- Bay Herbert, Tinne Tuytelaars, and Luc Van Gool. *Surf: Speeded up robust features*. Computer vision–ECCV 2006(2006): 404-417.
- Rosten Edward, and Tom Drummond. *Machine learning for high-speed corner detection*. Computer Vision–ECCV 2006(2006): 430-443.
- Calonder Michael, Vincent Lepetit, Christoph Strecha, and Pascal Fua. *Brief: Binary robust independent elementary features*. Computer Vision–ECCV 2010 (2010): 778-792.

第 5 章

卷积神经网络

在上一章中，讨论了特征的重要性及其应用。已知特征越好，结果越准确。现在，所提取的特征越来越精确，从而得到了更好的精度。这都归功于称为卷积神经网络（CNN）的新型特征提取器，其在复杂任务中表现出显著的准确性，如在目标检测和高精度图像分类等挑战性领域，而且在从智能手机的照片增强功能到卫星图像分析等广泛应用中也得到普遍应用。

本章首先介绍神经网络，然后阐述 CNN 以及如何实现。经过本章学习，将能够完全自行编写 CNN 应用程序，如图像分类等。本章主要内容如下。

● 通过阐述一个简单神经网络来对神经网络进行讲解。

● 讲解 CNN 以及相关的各个组成部分。

● 创建用于图像分类的 CNN 示例。

● 迁移学习描述及各种深度学习模型统计。

5.1　数据集和库

本章将利用 Keras 来编写以 TensorFlow 为后端的神经网络。在第 2 章中已介绍了详细安装过程，如要检查是否已安装 Keras，需在 shell 下运行下列命令。

```
python -c "import keras;print(keras.__version__)"
```

上述命令会显示 Keras 版本以及所用的后端。若已安装 TensorFlow 且 Keras 也是利用 TensorFlow，则会显示后端所用的是 TensorFlow。如果安装的是旧版本的 Keras 和 Tensor-Flow，可能会出现一些问题，因此建议安装或升级到最新版本。另外，后面还将用到其他库，如 NumPy 和 OpenCV。

 此处将采用 Zalando SE 提供的 Fashion-MNIST 数据集，该数据集可从 https://github. com/zalandoresearch/fashion- mnist 获得。也可直接通过 Keras 下载，而无须单独下载。Fashion-MNIST 数据集由 MIT 许可（Copyright©[2017]Zalando SE）。

5.2　神经网络简介

神经网络已提出很久，最早在几十年前就已发表了相关论文。近年来又广泛流行是由于有了更好的算法软件和更强大的硬件装置来运行。最初，神经网络是起源于人类感知世界的方式，并根据生物神经元功能进行建模。随着时间的推移，神经网络不断改进，从而一直进化以获得更好的性能。

5.2.1　一个简单的神经网络

一个简单的神经网络是由一个接收输入或输入列表并执行变换的节点组成的。示例如图 5-1 所示。

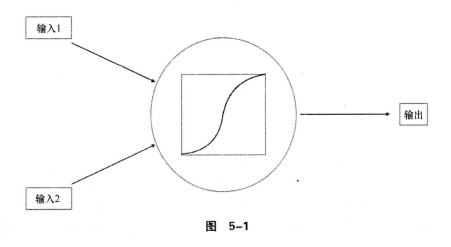

图　5-1

从数学上，神经网络的输入为 x，执行变换 W，得到输出 y：

$$y=W^{\mathrm{T}}x$$

输入 x 可以是向量或多维数组。根据变换矩阵 W，可得输出 y 为向量或多维数组。该结构还可进一步改进为执行非线性变换 F：

$$y=F(W^{\mathrm{T}}x)$$

此时，输出 y 与输入 x 就不再是线性相关，因此，x 的变化与 y 的变化不是成比例的。更常见的是，这些非线性变换是在对输入 x 执行变换矩阵 W 之后删除所有负值。一个神经元中就包括了这个完整操作。

这些网络是以分层结构堆叠而成的，如图 5-2 所示。

这些网络也称为前馈网络，这是由于在网络中无环路，输入是沿一个方向在网络中流动的，如同一个有向无环图（DAG）。在这些网络中，参数称为权重，是用于对输入进行变换。

利用机器学习方法来学习这些权重，可以得到一个以良好精度执行期望操作的最优网络。为此，需要有一个标记输入的数据集；例如，对于给定输入 x，已知输出值 y。在学习神经网络权重的过程（也称为训练）中，该数据集是经输入层后逐层通过网络的。在每一层，来自上一层的输入都会根据各层属性进行变换。最终的输出结果是 y 的预测值，由此

可测量 y 的预测值与实际值之差。一旦已知这种称为损失的测量值后，即可根据其来采用梯度下降的求导方法以更新权重。每个权重都是根据相对于权重的损失变化来更新的。

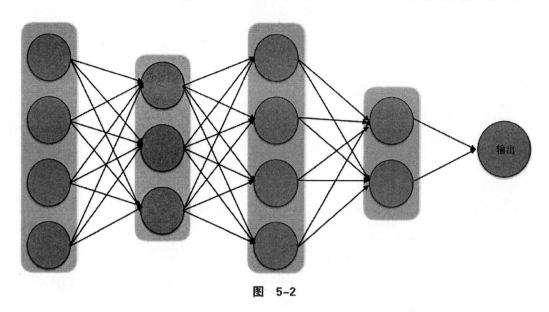

图 5-2

此处介绍一个使用 NumPy 库的神经网络简单示例。在本例中，输入 x 为维度 1000 的向量，并计算维度为 2 的输出。

```
dim_x = 1000 # 输入维度
dim_y = 2 # 输出维度
```

创建一个输入为 x 并执行权重矩阵为 W 的非线性变换的神经网络：

$$y = \frac{1}{1 + \exp\left(-W^{\mathrm{T}}x\right)}$$

示例如下。

```
def net(x, w):
    """
    A simple neural net that performs non-linear transformation
    Function : 1 / (1 + e^(-w*x))
    x: inputs
    w: weight matrix
```

```
Returns the function value
"""
return 1/(1+np.exp(-x.dot(w)))
```

为学习这些权重 w，将采用梯度下降法。对于每个输入，计算相对于 w 的损失梯度，并更新权重如下。

```
# 前向传输
y_pred = net(x, w)

# 计算损失
loss = compute_loss(y, y_pred)
print("Loss:", loss, "at step:", i)

# 在给定网络上利用反向传播计算梯度
w_grad = backprop(y, y_pred, w, x)

# 以某一学习速率更新权重
w -= lr * w_grad
```

上述步骤在标记数据集上反复迭代，直到损失没有显著变化，或损失产生周期重复。

损失函数定义为

```
def compute_loss(y, y_pred):
    """
    Loss function : sum(y_pred**2 - y**2)
    y: ground truth targets
    y_pred: predicted target values
    """
    return np.mean((y_pred-y)**2)
```

整个代码如下。

```
import numpy as np

dim_x = 1000 # 输入维度
dim_y = 2 # 输出维度
batch = 10 # 训练批大小
lr = 1e-4 # 权重更新学习速率
steps = 5000 # 学习步长

# 创建随机输入和目标值
x = np.random.randn(batch, dim_x)
y = np.random.randn(batch, dim_y)
```

```python
# 初始化权重矩阵
w = np.random.randn(dim_x, dim_y)

def net(x, w):
    """
    A simple neural net that performs non-linear transformation
    Function : 1 / (1 + e^(-w*x))
    x: inputs
    w: weight matrix
    Returns the function value
    """
    return 1/(1+np.exp(-x.dot(w)))

def compute_loss(y, y_pred):
    """
    Loss function : sum(y_pred**2 - y**2)
    y: ground truth targets
    y_pred: predicted target values
    """
    return np.mean((y_pred-y)**2)
def backprop(y, y_pred, w, x):
    """
    Backpropagation to compute gradients of weights
    y : ground truth targets
    y_pred : predicted targets
    w : weights for the network
    x : inputs to the net
    """
    # 从最外层开始
    y_grad = 2.0 * (y_pred - y)

    # 最内层梯度
    w_grad = x.T.dot(y_grad * y_pred * (1 - y_pred))
    return w_grad

for i in range(steps):

    # 前向传输
    y_pred = net(x, w)

    # 计算损失
    loss = compute_loss(y, y_pred)
    print("Loss:", loss, "at step:", i)

    # 在给定网络上利用反向传播计算梯度
    w_grad = backprop(y, y_pred, w, x)

    # 以某一学习速率更新权重
    w -= lr * w_grad
```

　　在运行上述代码时，可见损失值在不断减小直到稳定。这里的参数是学习速率和初始的 w 值。选择恰当的参数值可以使得损失更快减小从而提前稳定；然而，如果选择不当，则不会减小损失，有时甚至会导致经过多次迭代后反而损失增大。

　　本节介绍了如何构建一个简单的神经网络。可以通过修改或添加复杂结构来应用上述代码。在进一步阐述 CNN 之前，下节将首先简要回顾一下卷积运算。

5.3　重温卷积运算

　　在第 3 章中的图像滤波和变换中已详细讨论了滤波器，卷积运算是在给定输入图像上取移位核矩阵的点积。整个过程如图 5-3 所示。

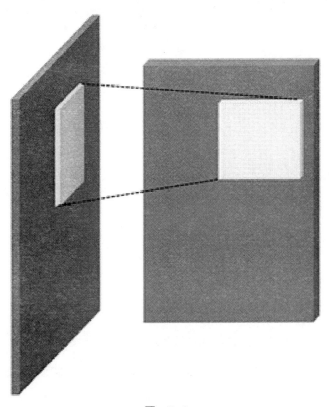

图　5-3

如图 5-3 所示，核是一个小的二维数组，计算输入图像（左侧）的点积，以创建输出图像块（右侧）。

在卷积过程中，输出图像是由输入图像和核矩阵之间进行点积生成的。然后，沿图像位移，每次移动后，通过点积生成相应的输出值，如图 5-4 所示。

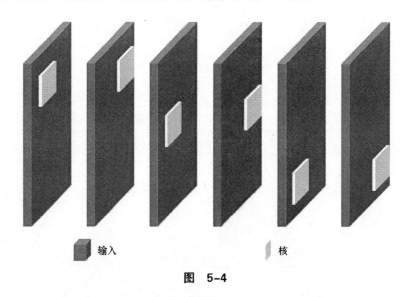

图　5-4

如上一章所述，可以在 OpenCV 中执行卷积运算，具体代码如下。

```
kernel = np.ones((5,5),np.float32)/25
dst = cv2.filter2D(gray,-1,kernel)
```

此处，假设具有一个和恒为 1 的核，并用于对灰度图像进行卷积。在第 3 章的图像滤波和变换中，这称为平滑运算，如果是一个具有噪声的灰度图像，则会使得输出更加平滑。

在这种情况下，为了执行平滑操作，我们已经知道了核值。如果我们知道用于提取更复杂特征的核，则可从图像中进行更好的推断。但在执行图像分类和目标检测等任务时，无法手动设置这些值。在这种情况下，CNN 等模型可提取良好的特征，且性能优于之前的其他方法。在下一节，我们将定义一个结构，该结构可学习这些核矩阵值并为各种应用计算更丰富的特征。

5.4　卷积神经网络

卷积神经网络（CNN）是在神经网络中利用卷积特性来计算更好的特征，然后用于图像分类或目标检测。正如上节所述，卷积是由通过滑动计算输出并与输入图像一起计算点积的核组成的。在一个简单的神经网络中，某一层的神经元与下一层的所有神经元相连，而 CNN 则是由具有感受野（receptive field）特性的卷积层组成的，只有上一层的一小部分神经元与当前层的神经元相连。因此，可在每层中仅计算较小区域的特征，如图 5-5 所示。

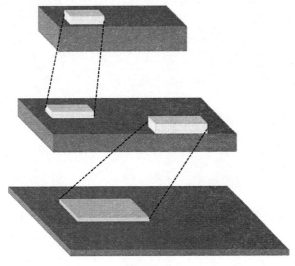

图　5-5

由上述简单神经网络可知，神经元是从一个或多个上一层神经元的输出中获取输入来执行非线性变换。在 CNN 中，这进一步与卷积方法相结合。假设一组核具有不同值，该值称为权重。每个核都与一个输入进行卷积，创建一个响应矩阵。然后对卷积输出中的每个值都进行一个称为激活的非线性变换。激活后每个核的输出相叠加以获得上述操作的输出，那么对于 K 个核，则输出大小为 $K \times H_o \times W_o$，其中，H_o 和 W_o 分别是输出图像的高度和宽度。这样就构成了 CNN 中的一层。

然后，来自上一层的输出再次作为具有另一组核 K_2 的下一层的输入，并通过对每个核先进行卷积，然后对响应进行非线性变换来计算新的响应。

一般而言，CNN 包括下列 4 种类型的层。

- 卷积层。

- 全连接层。

- 激活层。

- 池化层。

上述各种类型的层都将在下面内容中详细介绍。尽管在最近的发展中，CNN 中又添加了一些组件，但之前已有的组件仍很重要。

5.4.1　卷积层

卷积层是 CNN 中的一个关键组件，其执行核矩阵与图像中某一部分的点积，并生成输出。之后在一幅完整图像上移动并重复执行相同操作，即卷积运算。用于点积的输入部分称为卷积层的感受野。在每个卷积层中，都有一组核，统称为滤波器。

卷积层的输入是一个 n 维数组，这意味着输入是一个形式为宽度 × 高度 × 深度的图像。例如，如果已知一幅大小为 32×32（宽度和高度）的灰度图像，则输入为 $32 \times 32 \times 1$，其中在本例中深度值为颜色通道个数，记为第三维。同理，对于大小为 512 的彩色图像，则输入为 $512 \times 512 \times 3$。滤波器中的所有核也具有与输入相同的深度。

层的参数包括滤波器个数、滤波器大小、步长和填充值。当然，滤波器的值是唯一可学习的参数。步长是指核移动的像素个数。步长为 1 时，核向左移动一个像素，并与相应的输入区域进行点积。当步长为 2 时，核移动两个像素，并执行相同操作。在每个输入的边界处，核只能与图像中某一区域重叠。因此，边界需用零进行填充，以使得核能得到完整的图像区域。填充值是指设置填充图像边界的方式。

输出大小取决于这些参数值。可通过 Keras 来实现 CNN，并对图像执行相应操作。一个卷积层的实现示例如下。

```
y = Conv2D(filters=32,
           kernel_size=(5,5),
           strides=1, padding="same")(x)
```

接下来，创建一个示例模型来查看卷积层的属性，如下：

```
from keras.layers import Conv2D, Input
from keras.models import Model

def print_model():
    """
    Creates a sample model and prints output shape
    Use this to analyse convolution parameters
    """
    # 以给定形式创建输入
    x = Input(shape=(512,512,3))

    # 创建一个卷积层
    y = Conv2D(filters=32,
               kernel_size=(5,5),
               strides=1, padding="same",
               use_bias=False)(x)
    # 创建模型
    model = Model(inputs=x, outputs=y)

    # 显示所创建的模型
    model.summary()

print_model()
```

 在执行代码时，请忽略所显示的警告，如：CPU 支持 TensorFlow 二进制文件未编译即使用的指令：SSE4.1 SSE4.2 AVX AVX2 FMA。

执行上述代码，可显示模型以及每层的输出如下。

```
Layer (type) Output Shape Param #
=================================================================
input_1 (InputLayer) (None, 512, 512, 3) 0
_____
conv2d_1 (Conv2D) (None, 512, 512, 32) 2400
=================================================================
Total params: 2,400
Trainable params: 2,400
Non-trainable params: 0
_____
```

此处，设输入形式为 $512 \times 512 \times 3$，在卷积运算时，采用大小为 5×5 的 32 个滤波器。设步长值为 1，并对边采用相同的填充，以确保核能捕获整个图像。在本例中未使用偏差。经卷积后，输出为形式为（样本，宽度，高度，滤波器个数），例如（None，512，512，32）。为讨论方便，在此忽略样本值。输出的宽度和高度均为 512，深度为 32。滤波器个数即用于设置的深度值。该层总的参数为 $5 \times 5 \times 3 \times 32$（核大小 × 滤波器个数），即 2400。

再测试一个层。现在，在上述代码中将步长设为 2。代码执行后，可得输出如下。

```
Layer (type) Output Shape Param #
=================================================================
input_1 (InputLayer) (None, 512, 512, 3) 0

conv2d_1 (Conv2D) (None, 256, 256, 32) 2400
=================================================================
Total params: 2,400
Trainable params: 2,400
Non-trainable params: 0
```

由上可见，卷积输出形式（宽度，高度）减小到输入大小的一半。这是由于所选择的步长大小所致，设步长为 2，即意味着会跳过一个像素，从而使得输出仅占输入的一半。接下来，将步长增大到 4，则输出为

```
Layer (type) Output Shape Param #
=================================================================
input_1 (InputLayer) (None, 512, 512, 3) 0

conv2d_1 (Conv2D) (None, 128, 128, 32) 2400
=================================================================
Total params: 2,400
Trainable params: 2,400
Non-trainable params: 0
```

这时，可见输出形式（宽度和高度）减小到输入的四分之一。

若将步长设为 1，padding 设为 valid，则输出为

```
Layer (type) Output Shape Param #
================================================================
input_1 (InputLayer) (None, 512, 512, 3) 0
----------------------------------------------------------------
conv2d_1 (Conv2D) (None, 508, 508, 32) 2400
================================================================
Total params: 2,400
Trainable params: 2,400
Non-trainable params: 0
```

现在，即使设置步长为 1，输出形状（宽度和高度）也会减小到 508。这是由于缺少填充值，核无法作用于输入的边。

这时可计算输出形状为 $(I-K+2P)/S+1$，其中，I 为输入大小，K 为核大小，P 是所用的填充值，S 是步长值。若使用相同的填充值，则 P 值为 $(K-1)/2$。否则，若使用有效的填充，则 P 值为零。

在此，设置另一个参数 use_bias=False。若该参数设置为 True，将会为每个核添加一个常量值，在卷积层中，偏差参数与所用的滤波器个数相同。因此，若设置 use_bias=True，并设置步长为 1 且采用相同的填充，则可得：

```
Layer (type) Output Shape Param #
================================================================
input_1 (InputLayer) (None, 512, 512, 3) 0
----------------------------------------------------------------
conv2d_1 (Conv2D) (None, 512, 512, 32) 2432
================================================================
Total params: 2,432
Trainable params: 2,432
Non-trainable params: 0
```

参数总数增加了 32 个，这是在本层中所用的滤波器个数。现在，我们已了解如何设计卷积层，以及对卷积层设置不同参数时会发生什么变化。

关键一点是滤波器中提供期望输出的核值是什么？为获得良好性能，希望输出能包含来自输入的高质量特征。手动设置滤波器的值显然不可行，因为滤波器的数量越来越大，这些值的组合实际上是无限制的。这时就需在输入和目标数据集的基础上利用优化方法来学习滤波器的值，并尝试预测尽可能接近目标的值，然后在每次迭代后优化更新权重。

5.4.2　激活层

正如在简单神经网络示例中所述的，加权输出是经过非线性变换的。这一非线性层通常称为激活层。一些常见的激活类型有：

- Sigmoid：$f(x) = 1/(1+e^{-x})$

- ReLU：$f(x) = \max(0, x)$

- Tanh：$f(x) = \tanh(x)$

- Leaky ReLU：$f(x) = \max(\alpha x, x)$，其中，α 为一个小的正浮点数

- Softmax：$f(x)_i = e^{x_i} / \sum_i e^{x_i}$，这通常用于表征分类概率

最常用的激活函数是修正线性单元（ReLU），其在大多数情况下都表现良好。在上述代码中，可添加一个激活层，具体实现代码如下。

```
from keras.layers import Conv2D, Input, Activation
from keras.models import Model

def print_model():
    """
    Creates a sample model and prints output shape
    Use this to analyse convolution parameters
    """
    # 以给定形式创建输入
    x = Input(shape=(512,512,3))

    # 创建一个卷积层
    conv = Conv2D(filters=32,
            kernel_size=(5,5),
            strides=1, padding="same",
            use_bias=True)(x)
    # 添加激活层
    y = Activation('relu')(conv)
    # 创建模型
    model = Model(inputs=x, outputs=y)
```

```
# 显示所创建的模型
model.summary()
```

print_model()

执行代码后的输出如下。

```
Layer (type) Output Shape Param #
===================================================================
input_1 (InputLayer) (None, 512, 512, 3) 0
_____
conv2d_1 (Conv2D) (None, 512, 512, 32) 2432
_____
activation_1 (Activation) (None, 512, 512, 32) 0
===================================================================
Total params: 2,432
Trainable params: 2,432
Non-trainable params: 0
_____
```

由激活函数公式可知，其不包含任何可训练的参数。在 Keras 中，激活层也可添加到卷积层，如下所示。

```
conv = Conv2D(filters=32,
              kernel_size=(5,5), activation="relu",
              strides=1, padding="same",
              use_bias=True)(x)
```

5.4.3　池化层

池化是指取一个输入区域，并生成该区域的最大值或平均值，将其作为输出。实际上，这是通过在局部区域采样来减小输入的大小。该层位于 2 ~ 3 个卷积层之间，以降低输出分辨率，从而降低对参数的要求。池化操作的可视化表示如图 5-6 所示。

在图 5-6 中，输入是一个 2×2 大小的二维数组，在池化操作后，输出大小为 1×1。这可通过取上一数组中的平均值或最大值来生成。

为表明池化操作后输出形状如何变化，可通过下列代码来执行。

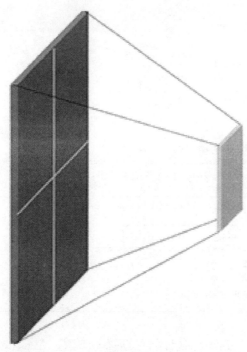

图 5-6

```python
from keras.layers import Conv2D, Input, MaxPooling2D
from keras.models import Model

def print_model():
    """
    Creates a sample model and prints output shape
    Use this to analyse Pooling parameters
    """
    # 以给定形式创建输入
    x = Input(shape=(512,512,3))

    # 创建一个卷积层
    conv = Conv2D(filters=32,
            kernel_size=(5,5), activation="relu",
            strides=1, padding="same",

            use_bias=True)(x)

    pool = MaxPooling2D(pool_size=(2,2))(conv)
    # 创建模型
    model = Model(inputs=x, outputs=pool)

    # 显示所创建的模型
    model.summary()

print_model()
```

在上述代码中，采用了一个卷积层，并在其中添加了池化操作。执行后，预期输出为

```
Layer (type) Output Shape Param #
=================================================================
input_1 (InputLayer) (None, 512, 512, 3) 0
_____
conv2d_1 (Conv2D) (None, 512, 512, 32) 2432
_____
max_pooling2d_1 (MaxPooling2 (None, 256, 256, 32) 0
=================================================================
Total params: 2,432
Trainable params: 2,432
Non-trainable params: 0
_____
```

此处，设置池化参数为（2，2），表示池化操作的宽度和高度。池化深度将根据池化层输入的深度相应设置。输出结果为宽度和高度的一半，但是，深度大小并未变化。

5.4.4 全连接层

这是一个简单的神经网络层，其中当前层的每个神经元都与上一层中的所有神经元相连。在各种深度学习库中，这通常也称为密集层或线性层。在 Keras 中，可通过如下代码实现。

```python
from keras.layers import Dense, Input
from keras.models import Model

def print_model():
    """
    Creates a sample model and prints output shape
    Use this to analyse dense/Fully Connected parameters
    """
    # 以给定形式创建输入
    x = Input(shape=(512,))

    # 创建一个全连接层
    y = Dense(32)(x)
    # 创建模型
    model = Model(inputs=x, outputs=y)

    # 显示所创建的模型
    model.summary()

print_model()
```

执行上述代码后，可观察输出形状，以及可训练参数的数量，具体如下所示。

```
Layer (type) Output Shape Param #
=================================================================
input_1 (InputLayer) (None, 512) 0
_____
dense_1 (Dense) (None, 32) 16416
=================================================================
Total params: 16,416
Trainable params: 16,416
Non-trainable params: 0
_____
```

全连接层的总参数可由 $(I_s \times O_s) + O_s$ 确定，其中，I_s 是输入形状，O_s 为输出形状。在本例中，所用的输入大小为 512 和输出大小为 32，由此可得总共 16416 个带偏差的参数。这与卷积层相比是相当大的，因此，在近来的模型中，一种趋势是采用更多的卷积块而不是全连接层。尽管如此，全连接层在设计简单的卷积神经网络块时仍具有重要作用。

在本节中，介绍了什么是 CNN 及其组件。但是，并未介绍参数设置方法。此外，还有其他一些层结构，如批归一化和退出。这些层在设计 CNN 模型中也起着重要作用。

5.4.5　批归一化

这是用于将输入层归一化为均值为 0、方差为 1 的输出层，即

$$\hat{x}^{(k)} = \frac{x^{(k)} - \mu_k}{\sqrt{\sigma_k^2 + \epsilon}}$$

该层同样也具有可学习的参数（在大多数深度学习库中可选），用于将输出限定在给定范围内，即

$$y^{(k)} = \gamma^{(k)} \hat{x}^{(k)} + \beta^{(k)}$$

式中，γ 和 β 是可学习的参数。批归一化可通过加快收敛以及作为一种正则化方式来改进训练过程。然而，由于存在可学习的参数，归一化的效果在训练和测试过程中是不同的。

5.4.6　退出

一个有助于防止过度拟合的重要层即退出层。这是以一定概率随机从上一层退出一些用作下一层输入的神经元。这就类似于训练一组神经网络。

下一节将介绍如何在 Keras 中实现一个模型，并进行参数学习。

5.5　CNN 实践

现在开始在 Keras 中实现一个卷积神经网络。在本例中，将训练一个网络来分类 Fashion-MNIST 数据集。这是一个灰度图像形式的时尚产品数据集，且大小为 28×28。图片总数为 70000 幅，其中 60000 幅用于训练，10000 幅用于测试。在该数据集中共有十种类别，分别是 T 恤、裤子、套头衫、连衣裙、大衣、凉鞋、衬衫、运动鞋、包和短靴。每个类别都有 0～9 的分类标签。

加载该数据集的方式如下。

```
from keras.datasets import fashion_mnist
(x_train, y_train), (x_test, y_test) = fashion_mnist.load_data()
```

上述代码块并未可视化输出数据集，而所用的数据集如图 5-7 所示。

在此，将数据划分为输入 x 及标签 y 的训练集和测试集。

卷积层实现代码如下。

```
def conv3x3(input_x,nb_filters):
    """
    Wrapper around convolution layer
    Inputs:
        input_x: input layer / tensor
        nb_filter: Number of filters for convolution
    """
    return Conv2D(nb_filters, kernel_size=(3,3), use_bias=False,
            activation='relu', padding="same")(input_x)
```

图　5-7

池化层代码如下。

```
x = MaxPooling2D(pool_size=(2,2))(input)
```

整个输出层代码如下。

```
preds = Dense(nb_class, activation='softmax')(x)
```

完整模型代码如下。

```
def create_model(img_h=28, img_w=28):
    """
    Creates a CNN model for training.
    Inputs:
        img_h: input image height
        img_w: input image width
    Returns:
        Model structure
    """
    inputs = Input(shape=(img_h, img_w, 1))

    x = conv3x3(inputs, 32)
    x = conv3x3(x, 32)
    x = MaxPooling2D(pool_size=(2,2))(x)
    x = conv3x3(x, 64)
    x = conv3x3(x, 64)
    x = MaxPooling2D(pool_size=(2,2))(x)
    x = conv3x3(x, 128)
    x = MaxPooling2D(pool_size=(2,2))(x)
    x = Flatten()(x)
    x = Dense(128, activation="relu")(x)
    preds = Dense(nb_class, activation='softmax')(x)
    model = Model(inputs=inputs, outputs=preds)
    print(model.summary())
    return model
```

执行上述代码块，可创建模型如下，其中，每行是按顺序排列的层类型，且输入层在最顶部。

```
Layer (type) Output Shape Param #
=================================================================
input_1 (InputLayer) (None, 28, 28, 1) 0
_____
conv2d_1 (Conv2D) (None, 28, 28, 32) 288
_____
conv2d_2 (Conv2D) (None, 28, 28, 32) 9216
_____
max_pooling2d_1 (MaxPooling2 (None, 14, 14, 32) 0
_____
conv2d_3 (Conv2D) (None, 14, 14, 64) 18432
_____
conv2d_4 (Conv2D) (None, 14, 14, 64) 36864
_____
max_pooling2d_2 (MaxPooling2 (None, 7, 7, 64) 0
_____
conv2d_5 (Conv2D) (None, 7, 7, 128) 73728
_____
```

```
max_pooling2d_3 (MaxPooling2 (None, 3, 3, 128) 0
_____
flatten_1 (Flatten) (None, 1152) 0
_____
dense_1 (Dense) (None, 128) 147584
_____
dense_2 (Dense) (None, 10) 1290
===============================================================
Total params: 287,402
Trainable params: 287,402
Non-trainable params: 0
_____
```

5.5.1 Fashion-MNIST 分类器训练代码

本节将介绍一个针对 Fashion-MNIST 数据集的分类器模型。输入为灰度图像，输出为预定义的 10 种分类之一。通过以下步骤，我们将学会逐步构建模型。

1）导入相关的库和模块。

```
import keras
import keras.backend as K
from keras.layers import Dense, Conv2D, Input, MaxPooling2D,

Flatten
from keras.models import Model
from keras.datasets import fashion_mnist
from keras.callbacks import ModelCheckpoint
```

2）定义整个过程中所需的输入高度和宽度参数，以及其他参数。在此，epoch 定义了所有数据的一次迭代。因此，epoch 的数值意味着所有数据的迭代总次数。

```
# 设置参数
batch_sz = 128  # 批大小
nb_class = 10  # 类别个数
nb_epochs = 10 # 训练周期
img_h, img_w = 28, 28  # 输入维度
```

3）下载并准备训练数据集和验证数据集。在 Keras 中已具有完成此操作的一个内置函数，如下。

```
def get_dataset():
    """
    Return processed and reshaped dataset for training
    In this cases Fashion-mnist dataset.
    """
    # 加载mnist数据集
    (x_train, y_train), (x_test, y_test) =
fashion_mnist.load_data()
    # 测试数据集和训练数据集
    print("Nb Train:", x_train.shape[0], "Nb
test:",x_test.shape[0])
    x_train = x_train.reshape(x_train.shape[0], img_h, img_w, 1)
    x_test = x_test.reshape(x_test.shape[0], img_h, img_w, 1)
    in_shape = (img_h, img_w, 1)

    # 归一化输入
    x_train = x_train.astype('float32')
    x_test = x_test.astype('float32')
    x_train /= 255.0
    x_test /= 255.0

    # 转换为独热编码向量
    y_train = keras.utils.to_categorical(y_train, nb_class)
    y_test = keras.utils.to_categorical(y_test, nb_class)
    return x_train, x_test, y_train, y_test

x_train, x_test, y_train, y_test = get_dataset()
```

4）利用前面定义的封装卷积函数来构建模型。

```
def conv3x3(input_x,nb_filters):
    """
    Wrapper around convolution layer
    Inputs:
        input_x: input layer / tensor
        nb_filter: Number of filters for convolution
    """
    return Conv2D(nb_filters, kernel_size=(3,3), use_bias=False,
            activation='relu', padding="same")(input_x)

def create_model(img_h=28, img_w=28):
    """
    Creates a CNN model for training.
    Inputs:
        img_h: input image height
        img_w: input image width
    Returns:
        Model structure
    """

    inputs = Input(shape=(img_h, img_w, 1))
```

```
    x = conv3x3(inputs, 32)
    x = conv3x3(x, 32)
    x = MaxPooling2D(pool_size=(2,2))(x)
    x = conv3x3(x, 64)
    x = conv3x3(x, 64)
    x = MaxPooling2D(pool_size=(2,2))(x)
    x = conv3x3(x, 128)
    x = MaxPooling2D(pool_size=(2,2))(x)
    x = Flatten()(x)
    x = Dense(128, activation="relu")(x)
    preds = Dense(nb_class, activation='softmax')(x)
    model = Model(inputs=inputs, outputs=preds)
    print(model.summary())
    return model

model = create_model()
```

5）设置优化器、损失函数和测度来评估所得的预测结果。

```
# 设置模型的优化器、损失函数和测度
model.compile(loss=keras.losses.categorical_crossentropy,
              optimizer=keras.optimizers.Adam(),
              metrics=['accuracy'])
```

6）若要在每个周期后保存模型，可选下面代码。

```
# 在每个训练周期后保存模型
callback = ModelCheckpoint('mnist_cnn.h5')
```

7）开始训练模型。

```
# 开始训练
model.fit(x_train, y_train,
          batch_size=batch_sz,
          epochs=nb_epochs,
          verbose=1,
          validation_data=(x_test, y_test),
          callbacks=[callback])
```

8）若使用单 CPU，则上述代码需执行一段时间。经过 10 个周期后，可得 val_acc=0.92（大约）。这意味着训练后的模型对于未知的 Fashion-MNIST 数据，其准确率约为 92%。

9）一旦所有训练周期结束，即可计算最终的评估结果。

```
# 评估并输出准确率
score = model.evaluate(x_test, y_test, verbose=0)
print('Test loss:', score[0])
print('Test accuracy:', score[1])
```

5.5.2　CNN 分析

目前，业界在研究不同类型的CNN，而且模型针对复杂数据集的准确率也在逐年提高。这些改进包括模型结构以及如何更有效地训练这些模型。

1. 常用 CNN 架构

近几年来，下列架构在各种实际应用中得到广泛应用。本节将介绍一些常用架构以及如何在 Keras 中加载它们。

（1）VGGNet

该架构是由 Karen Simonyan 和 Andrew Zisserman 于 2014 年在论文 Very Deep Convolution Networks for Large-Scale Image Recognition 中提出的（https://arxiv.org/ abs/1409.1556. Keras）。

这是有效提高对象分类模型性能的论文之一，也是在 Imagenet Large Scale Visual Recognition Challenge（ILSVRC）2014 中性能表现最好的模型之一，所用的数据集在第 2 章中已介绍。相对于之前的模型，其性能提高了 4% 左右，因此得到广泛应用。对于该模型，还有一些其他版本，其中最常用的是 VGG16 和 VGG19。在 Keras 中提供了一种预训练的 VGG16 模型。

```
from keras.applications.vgg16 import VGG16

def print_model():
    """
    Loads VGGNet and prints model structure
    """
    # 创建模型
    model = VGG16(weights='imagenet')
```

```
# 输出所创建的模型
model.summary()
```

```
print_model()
```

执行上述代码后，可得输出如下。

```
Layer (type) Output Shape Param #
==================================================================
input_1 (InputLayer) (None, 224, 224, 3) 0

block1_conv1 (Conv2D) (None, 224, 224, 64) 1792

block1_conv2 (Conv2D) (None, 224, 224, 64) 36928

block1_pool (MaxPooling2D) (None, 112, 112, 64) 0

block2_conv1 (Conv2D) (None, 112, 112, 128) 73856

block2_conv2 (Conv2D) (None, 112, 112, 128) 147584

block2_pool (MaxPooling2D) (None, 56, 56, 128) 0

block3_conv1 (Conv2D) (None, 56, 56, 256) 295168

block3_conv2 (Conv2D) (None, 56, 56, 256) 590080

block3_conv3 (Conv2D) (None, 56, 56, 256) 590080

block3_pool (MaxPooling2D) (None, 28, 28, 256) 0

block4_conv1 (Conv2D) (None, 28, 28, 512) 1180160

block4_conv2 (Conv2D) (None, 28, 28, 512) 2359808

block4_conv3 (Conv2D) (None, 28, 28, 512) 2359808

block4_pool (MaxPooling2D) (None, 14, 14, 512) 0

block5_conv1 (Conv2D) (None, 14, 14, 512) 2359808

block5_conv2 (Conv2D) (None, 14, 14, 512) 2359808

block5_conv3 (Conv2D) (None, 14, 14, 512) 2359808

block5_pool (MaxPooling2D) (None, 7, 7, 512) 0

flatten (Flatten) (None, 25088) 0
```

```
fc1 (Dense) (None, 4096) 102764544
```

```
fc2 (Dense) (None, 4096) 16781312
```

```
predictions (Dense) (None, 1000) 4097000
=================================================================
Total params: 138,357,544
Trainable params: 138,357,544
Non-trainable params: 0
```

由于参数总数很大，因此，完全从头开始训练这样一个模型还需要数十万级的海量数据。

（2）Inception 模型

该模型在卷积网络中成功应用了并行结构，从而进一步提高了同类竞争中的模型性能。这是由 Christian Szegedy、Vincent Vanhoucke、Sergey Ioffe、Jonathon Shlens、Zbigniew Wojna 在 论 文 Rethinking the Inception Architecture for Computer Vision（https:/ / arxiv. org/abs/ 1512. 00567）中提出并改进的。Inception-v3 的模型结构如图 5-8 所示。

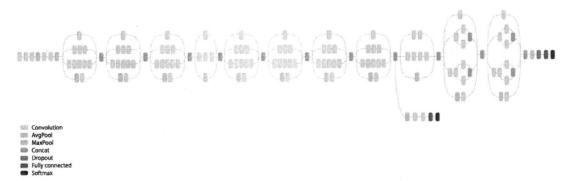

图　5-8

在 Keras 中可利用该模型。

```
from keras.applications.inception_v3 import InceptionV3

def print_model():
    """
    Loads InceptionV3 model and prints model structure
    """
    # 创建模型
    model = InceptionV3(weights='imagenet')

    # 输出所创建的模型
    model.summary()

print_model()
```

执行上述代码后，即可输出模型结构。

（3）ResNet 模型

在并行结构上进一步扩展，Kaiming He、Xiangyu Zhang、Shaoqing Ren、Jian Sun 提出了忽略连接的 Deep Residual Learning for Image Recognition（https://arxiv.org/ abs/1512.03385）。ResNet 的基本结构如图 5-9 所示。

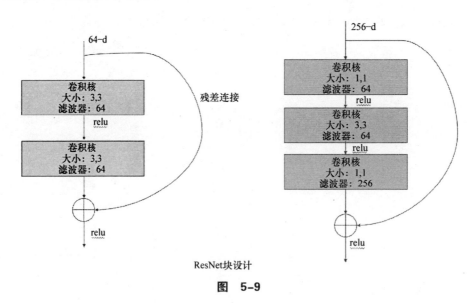

ResNet块设计

图 5-9

这些结构块重复堆叠，以创建 18 个深度为 18 的结构块，50 个深度为 50 的结构块，以此类推。这在精度和计算时间上都表现出显著性能。在后面代码中，将分析如何利用该架构从图像中预测前 5 种可能类别。

模型的输入是图5-10所示的火车的图像，这是任一普通智能手机拍摄的图片。此处，观察预训练的 ResNet-50 模型能否得出接近真实性的预测。

图 5-10

加载所需导入的库。

```
from keras.applications.resnet50 import ResNet50
import numpy as np
import cv2
from keras.applications.resnet50 import preprocess_input,
decode_predictions
import time
```

现在开始创建一个模型来检测上图中的目标对象。

1）首先是设置加载的 ResNet-50 预训练模型。

```
def get_model():
    """
    Loads Resnet and prints model structure
    Returns resnet as model.

"""
# 创建模型
model = ResNet50(weights='imagenet')

# 输出所加载的模型
model.summary()
return model
```

2）需将图像预处理为适用于 ResNet 的特定输入类型。在本例中，输入为平均值，归一化为（1，224，224，3）。

```python
def preprocess_img(img):
    # 应用opencv预处理
    img = cv2.cvtColor(img, cv2.COLOR_BGR2RGB)
    img = cv2.resize(img, (224, 224))
    img = img[np.newaxis, :, :, :]
    # 转化为浮点型
    img = np.asarray(img, dtype=np.float)
    # 进一步采用imagenet的特定预处理
    # 应用颜色通道特定平均归一化
    x = preprocess_input(img)
    print(x.shape)
    return x
```

3）继续加载图像并进行预处理。

```python
# 读取输入图像并预处理
img = cv2.imread('../figures/train1.png')
input_x = preprocess_img(img)
```

4）现在，加载模型并将处理后的输入传入训练好的模型。这也需要计算运行时间。

```python
# 根据预训练权重创建模型
resnet_model = get_model()

# 仅执行预测，未训练
start = time.time()
preds = resnet_model.predict(input_x)
print(time.time() - start)
```

5）现在得到预测结果，但只是概率值，而不是类别名。接下来输出仅与前 5 个可能预测相对应的类别名。

```python
#将预测解码为类别索引，前5种预测
print('Predicted:', decode_predictions(preds, top=5)[0])
```

输出结果如下。

```
Predicted: [('n04310018', 'steam_locomotive', 0.89800948), ('n03895866',
'passenger_car', 0.066653267), ('n03599486', 'jinrikisha', 0.0083348891),
('n03417042', 'garbage_truck', 0.0052676937), ('n04266014',
'space_shuttle', 0.0040852665)]
```

n04310018 和 steam_locomotive 是类别索引和类别名称。后面的值是预测概率。因此，预训练模型认为输入图像有 89% 的可能性是蒸汽火车。这是让人非常难以置信的，因为输入图像是一辆不再使用的火车，且在训练过程中模型可能从未观察过它。

5.5.3　迁移学习

上节介绍了三种不同类型的模型，但在深度学习模型中，并不限于这些。每年都有性能更好的模型架构发布。然而，这些模型的性能完全取决于训练数据，且性能是由所训练的数百万张图像所决定的。获取如此庞大的数据集并根据特定任务对其进行训练既不经济又很耗时。不过，这些模型可通过一种称为迁移学习的特殊训练形式应用在不同领域。

在迁移学习中，将模型的一部分从输入固定到某一给定层（也称为冻结模型），这样预训练的权重将有助于从图像中计算更丰富的特征。其余部分是针对特定任务的数据集进行训练。因此，即使是较小的数据集，模型的其余部分也能学习到更好的特征。选择冻结多大部分的模型取决于可用的数据集和重复性的实验。

此外，还将对之前模型进行比较，以便更好地了解所用的模型。图 5-11 给出了每个模型的参数个数。随着新模型的发布，在训练参数个数方面变得更加高效。

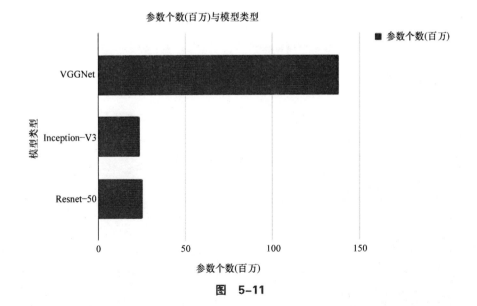

图　5-11

除此之外，还对不同年份 ILSVRC 挑战赛的准确率进行了比较。结果表明采用更少的
参数和更好的模型结构，会使得模型变得更好，如图 5-12 所示。

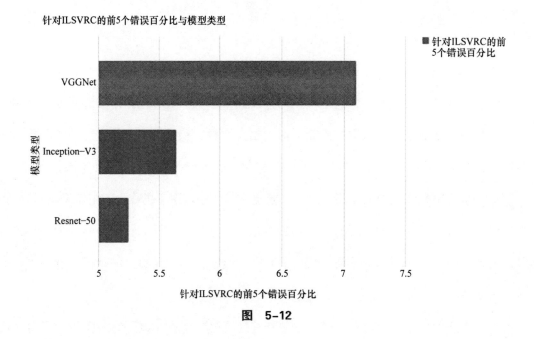

图　5-12

通过本节可知即使缺少针对一个特定任务的大型数据集，仍可以通过对从其他类似
数据集上训练的模型进行迁移学习来获得良好的性能。在大多数实际应用中，我们采用在
ImageNet 数据集上训练的模型，但具体模型的选择还是由用户根据更精确的模型或更快的
模型等标准来决定的。

5.6　小结

本章介绍了 CNN 及其基本组件。另外，还介绍了如何针对一个示例数据集完整地训练
模型。随后，学习了利用预训练的模型来进行预测，并学习了如何通过迁移学习重新利用
所训练的模型来完成任务。

这些训练好的模型和 CNN 不仅可用于图像分类，还可用于更复杂的任务，如目标检测
和分割，这将在后续章节中讲解。

第 6 章

基于特征的目标检测

在上一章中，我们了解了卷积神经网络（CNN）的重要性以及如何利用其进行深度特征提取。本章我们将学习如何建立一个 CNN 模型来检测目标对象位于图像的什么位置，并将其分类到预先定义的类别中。

本章主要内容如下。

- 首先讨论什么是图像识别以及什么是目标检测。

- 基于 OpenCV 的人脸检测常用方法的应用示例。

- 基于两级模型（如 Faster R-CNN）的目标检测。

- 基于单级模型（如 SSD）的目标检测。

- 基于深度学习的目标对象检测器，并通过演示示例代码进行详细解释。

6.1 目标检测概述

首先介绍目标检测，由于检测通常是图像识别中的一部分，因此，先对图像识别进行概述。图 6-1 所示，利用 Pascal VOC 数据集中的一幅图像来阐述目标识别。输入经过一个模型，生成四种不同风格的信息。

图 6-1 中的模型执行了通用图像识别方法，由此可预测以下信息。

● 图像中目标对象的类别名。

● 目标对象中心像素位置。

● 目标周围的边界框作为输出。

● 在实例图像中，每个像素点都归为某一类别。这些类别包括目标对象和背景。

针对目标检测，通常是指图像识别的第一类和第三类。目标是估计类别名以及目标对象周围的边界框。在开始讨论目标检测技术之前，首先分析一下为什么目标检测是一项难度较大的计算机视觉任务。

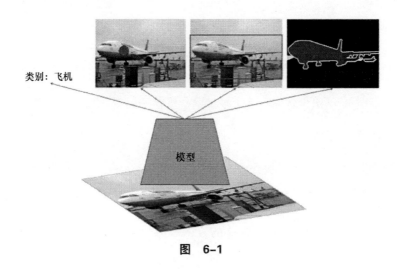

图　6-1

6.2　目标检测挑战

过去，曾提出过一些目标检测方法。但是，这些方法仅在可控环境下或在图像中搜索特定对象（如人脸）时效果良好。即使在人脸识别情况下，这些方法也会遇到光线不足、人脸大面积遮挡或与图像大小相比人脸极小等一些问题。

以下是对象检测器在实际应用中面临的一些挑战。

● 遮挡：像狗或猫等目标对象可能会相互遮挡，由此，所提取的特征不足以表明这是一个目标对象。

● 视角变化：在对象的不同视角情况下，其形状可能会发生急剧变化，因此，对象特征也会发生巨大变化。这会导致通过从某一视角观察给定对象来进行训练的检测器可能无法从其他视角进行检测。例如，在人体检测情况下，如果检测器搜索头部、手和腿等以组合成一个人体图像，那么若是摄像头从头向下采集垂直向下的图像，就会失效。因为检测器只能观察到头部，从而导致结果大大降低了。

● 尺寸变化：同一对象可能距离摄像头远近不同。由此会造成对象大小发生变化。因此，要求检测器具有尺寸不变性和旋转不变性。

● 非刚性对象：如果对象形状可分割成各个部分或存在流体对象，则通过特征来进行描述将变得更加困难。

● 运动模糊：如果正在检测一个运动物体（如汽车），可能会出现摄像头所采集的图像较为模糊的情况。对于目标检测器而言，要得到正确估计，这又是一个挑战，且当检测器部署在自主驾驶汽车或无人机等移动机器人上时，如何保证其鲁棒性尤为重要。

6.3　数据集和库

本章将使用 TensorFlow 和 OpenCV 作为主要的检测库。对于自定义图像，会给出检测结果。但是，任何彩色图像都可作为各种模型的输入。必要时，各小节中都会给出预训练模型文件的链接。

6.4　目标检测方法

目标检测包括两个问题。首先，应能定位图像中的一个或多个对象。其次，给出每个位置确定对象的预测类别。现有几种基于滑动窗口的目标检测方法。其中，一种常用检测方法是由 Viola 和 Jones[1] 提出的人脸检测方法。文中表明人脸具有很强的描述性特征，如眼睛周围的区域要暗于嘴巴附近的区域。因此，相对于鼻子周围的矩形区域，眼睛周围的矩形区域与之存在着显著差异。以此作为几种预定义矩形对模板之一，该方法即可计算每个模板中矩形区域之间的面积差。

检测人脸是一个两步过程。

● 首先，创建一个具有特定对象检测参数的分类器。在本例中，是针对人脸检测。

```
face_cascade =
cv2.CascadeClassifier('haarcascades/haarcascade_frontalface_default
.xml')
```

● 其次，对于每幅图像，利用之前加载的分类器参数来进行人脸检测。

```
faces = face_cascade.detectMultiScale(gray)
```

在 OpenCV 中，可使用以下代码来实现人脸检测。

```python
import numpy as np
import cv2

# 创建具有预学习权重的级联分类器
# 对于其他对象，在此更改相应文件
face_cascade =
cv2.CascadeClassifier('haarcascades/haarcascade_frontalface_default.xml')
cap = cv2.VideoCapture(0)

while(True):
    ret, frame = cap.read()
    if not ret:
        print("No frame captured")
    # frame = cv2.resize(frame, (640, 480))
    gray = cv2.cvtColor(frame, cv2.COLOR_BGR2GRAY)

    # 检测人脸
    faces = face_cascade.detectMultiScale(gray)

    # 绘制结果
    for (x,y,w,h) in faces:
        cv2.rectangle(frame,(x,y),(x+w,y+h),(255,0,0),2)

    cv2.imshow('img',frame)
```

```
    if cv2.waitKey(1) & 0xFF == ord('q'):
        break

cap.release()
cv2.destroyAllWindows()
```

此处，使用了 haarcascade_frontalface_default.xml 文件，其中包含了 https://github.com/opencv/opencv/tree/master/data/haarcascade 中所提供的分类器参数。为运行人脸检测程序，必须下载这些级联分类器文件。另外，为检测其他对象，如眼睛、微笑等，还需下载 OpenCV 中所需的类似文件。

上述讨论的人脸检测程序常用于从智能手机到数码相机等多种设备中。然而，在深度学习领域的最新成果可生成更好的人脸检测器。在下面关于基于深度学习的通用目标对象检测器的内容中将会深入讨论。

6.4.1 基于深度学习的目标检测

随着近年来 CNN 的快速发展及其在图像分类中的优异性能，采用相似的模型进行目标检测越来越普遍。这已得到验证是正确的，因为在过去的几年中，每年都会提出更好的目标检测器，从而提高了整体的基准精度。一些类型的检测器已实际应用于智能手机、机器人、自主驾驶汽车等。

一个通用 CNN 的输出是分类概率，例如在图像识别情况下。但为了检测目标对象，必须对其进行修改以输出分类概率以及矩形边界框坐标和形状。早期基于 CNN 的目标检测，是根据输入图像计算可能窗口，然后采用 CNN 模型计算每个窗口的特征。CNN 特征提取程序的输出会判别所选窗口是否为目标对象。由于对每个窗口通过 CNN 特征提取程序需进行大量计算，因此执行速度较慢。从直观上，希望从图像中提取特征，并利用这些特征进行目标检测。这样不仅可以提高检测速度，而且还可滤除图像中的噪声。

现已提出一些方法来解决目标检测的速度和精度问题。这些方法大致可分为两大类。

● 两级检测器：整个过程分为两个主要步骤，因此命名为两级检测器。其中最常用的是 Faster R-CNN。在下一节中，将详细介绍该方法。

● 单级检测器：尽管两级检测器可提高检测精度，但仍难以训练，且在一些实时操作条件下执行速度较慢。单级检测器是通过构建一个预测速度更快的单一架构网络来解决上述问题。这种样式的一个常用模型是单发多框检测器（SSD）。

在下面内容中，我们将会讨论这两种类型的检测器，且通过一个演示示例来展示每种检测器的检测结果、质量。

1. 两级检测器

鉴于 CNN 在通用图像分类中的性能表现，研究人员采用同样的 CNN 来进行更好的目标检测。利用深度学习进行目标对象检测的初始方法可描述为一个两级检测器，其中一种常用方法是由 Shaoqing Ren、Kaiming He、Ross Girshick 和 JianSun 于 2015 年提出的 Faster R-CNN（https://arxiv. org/pdf/1506.01497.pdf）。

该方法可分为两个阶段。

1）第一阶段，从图像中提取特征并提出感兴趣区域（ROI）。ROI 是指包含图像中某一对象的边界框。

2）第二阶段，利用特征和 ROI 来计算每个框的最终边界和分类概率。这些共同构成了最终输出。

Faster R-CNN 的概述如图 6-2 所示。输入图像用于进行特征提取并给出候选区域。这些提取的特征和候选区域一起用于计算每个框的预测边界和分类概率。

如图 6-2 所示，整个方法可分为两个阶段，这是因为在训练过程中，模型首先经过学习，利用称为区域候选网络（RPN）的子模型来生成 ROI。然后，学习利用 ROI 和特征来生成正确的分类概率和边界框位置。RPN 的概述如图 6-3 所示。RPN 层是以特征层作为输入，针对边界框和相应概率创建一个候选区域。

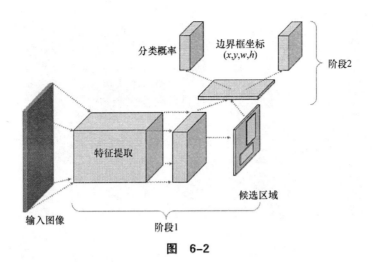

图　6-2

边界框位置通常是由宽度／高度值组成的坐标归一化值确定，但这也可能会根据学习模型的方式不同而变化。在预测过程中，模型会输出一组分类概率、类别以及 (x, y, w, h) 格式的边界框位置。该集合会再通过一个阈值以滤除置信度分数小于该阈值的边界框。

采用这种检测器的主要优点在于会比单级检测器提供更好的精度。通常可达到目前最先进

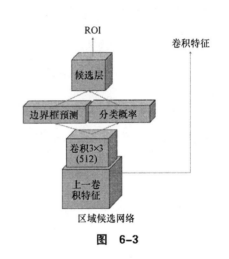

图　6-3

的检测精度。不过，预测过程的速度较慢。如果对于一个预测应用而言，时间因素非常关键的话，那么建议为这些网络提供一个高性能的系统或采用单级检测器。另一方面，如果需求是获得最佳精度，那么就强烈建议采用该方法进行目标检测。目标检测的输出示例如图 6-4 所示，在检测到的目标对象周围具有一个边界框。每个边界框都有一个标签，显示预测的分类名称和边界框的置信度。

图   6-4

图 6-4 中的检测是采用了 Faster R-CNN 模型，即使是较小对象，如右下角的行人，该模型的检测置信度也很高。总的检测对象包括公共汽车、汽车和行人。该模型不会检测其他对象，如树、路灯、红绿灯等，因为其未经过训练来检测这些目标对象。

2. 演示示例——具有 ResNet-101 的 Faster R-CNN

由图 6-4 可知，即使在对象大小不一以及目标对象较小的情况下，Faster R-CNN 的两级模型仍能够相当准确地预测。此处，将讨论如何基于 TensorFlow 来执行一种类似的预测。首先复制资源库，因为其中包含了大多数所需代码。

```
git clone https://github.com/tensorflow/models.git
cd models/research
```

复制之后，开始配置环境。首先从 TensorFlow 的 model-zoo 中下载一个预训练模型。

● 对于 Mac OS X 系统：

```
curl -O
http://download.tensorflow.org/models/object_detection/faster_rcnn_
resnet101_coco_2017_11_08.tar.gz
tar -xvf faster_rcnn_resnet101_coco_2017_11_08.tar.gz
```

● 对于 Linux 系统：

```
wget
http://download.tensorflow.org/models/object_detection/faster_rcnn_
resnet101_coco_2017_11_08.gz
tar -xvf faster_rcnn_resnet101_coco_2017_11_08.tar.gz
```

在 models/research/object_detection 中将提取的文件夹命名为 faster_rcnn_resnet101_
coco_2017_11_08。这就完成了预训练模型的下载。

在每次启动终端 shell 时，必须执行以下两个步骤。

● 首先，编译 protobuf 文件，因为 TensorFlow 会利用该文件序列化结构数据。

```
protoc object_detection/protos/*.proto --python_out=.
```

● 另外，在文件夹下运行。

```
export PYTHONPATH=$PYTHONPATH:`pwd`:`pwd`/slim
```

配置好环境和预训练模型之后，开始分析预测代码。下列代码在 models/research/ob-
ject_detection 中保存并运行，代码风格类似于 Jupyter notebook。在本节的讨论中，每个代
码块都可在 Jupyter notebook cell 下运行。如果不熟悉 Jupter，也可运行完整的 Python 脚本。

1）首先加载所需的库文件。

```
import numpy as np
import os
import sys
import tensorflow as tf
import cv2
from matplotlib import pyplot as plt
# 在jupter下需注释下一行
# %matplotlib inline
import random
import time
from utils import label_map_util
```

2）加载用于预测的预训练模型。

```
# 加载图
def load_and_create_graph(path_to_pb):
    """
    Loads pre-trained graph from .pb file.
    path_to_pb: path to saved .pb file
    Tensorflow keeps graph global so nothing is returned
    """
    with tf.gfile.FastGFile(path_to_pb, 'rb') as f:
        # 初始化图定义
        graph_def = tf.GraphDef()
        # 读文件
        graph_def.ParseFromString(f.read())
        # 以tf.graph导入
        _ = tf.import_graph_def(graph_def, name='')
```

3）通过 MSCOCO 数据集上经过预训练的 ResNet-101 特征提取程序加载 Faster R-CNN
模型。

```
load_and_create_graph('faster_rcnn_resnet101_coco_2017_11_08/frozen
_inference_graph.pb')
```

4）接下来，利用 MSCOCO 标签，设置在图中显示的标签。

```
# 加载分类输出标签
path_to_labels = os.path.join('data', 'mscoco_label_map.pbtxt')
# 在90种分类上进行预训练
nb_classes = 90
label_map = label_map_util.load_labelmap(path_to_labels)
categories =
label_map_util.convert_label_map_to_categories(label_map,
                    max_num_classes=nb_classes,
use_display_name=True)
category_index = label_map_util.create_category_index(categories)
```

5）在最后的预测之前，设置效用函数如下。

```
def read_cv_image(filename):
    """
    Reads an input color image and converts to RGB order
    Returns image as an array
    """
    img = cv2.imread(filename)
    img = cv2.cvtColor(img, cv2.COLOR_BGR2RGB)
    return img
```

6）根据上述效用函数，利用 matplotlib 显示边界框。

```
def show_mpl_img_with_detections(img, dets, scores,
                                 classes, category_index,
                                 thres=0.6):
    """
    Applies thresholding to each box score and
    plot bbox results on image.
    img: input image as numpy array
    dets: list of K detection outputs for given image.(size:[1,K])
    scores: list of detection score for each detection output(size:
[1,K]).
    classes: list of predicted class index(size: [1,K])
    category_index: dictionary containing mapping from class index
to class name.
    thres: threshold to filter detection boxes:(default: 0.6)
    By default K:100 detections
    """
    # 利用matplotlib绘制效用值
    plt.figure(figsize=(12,8))
    plt.imshow(img)
    height = img.shape[0]
    width = img.shape[1]
    # 一个类别采用通用颜色且不同类别不同颜色

    colors = dict()
    # 对所有bbox迭代执行
    # 选择大于某一阈值的bbox
    for i in range(dets.shape[0]):
        cls_id = int(classes[i])
        # 针对类别索引预测错误的情况
        if cls_id >= 0:
            score = scores[i]
            # 大于某一阈值的检测得分
            if score > thres:
                if cls_id not in colors:
                    colors[cls_id] = (random.random(),
                                      random.random(),
                                      random.random())
                xmin = int(dets[i, 1] * width)
                ymin = int(dets[i, 0] * height)
                xmax = int(dets[i, 3] * width)
                ymax = int(dets[i, 2] * height)
                rect = plt.Rectangle((xmin, ymin), xmax - xmin,
                                     ymax - ymin, fill=False,
                                     edgecolor=colors[cls_id],
                                     linewidth=2.5)
                plt.gca().add_patch(rect)
                # 在每个检测框周围绘制类别名和得分
```

```
                        class_name = str(category_index[cls_id]['name'])
                        plt.gca().text(xmin, ymin - 2,
                                '{:s} {:.3f}'.format(class_name, score),
                                bbox=dict(facecolor=colors[cls_id],
alpha=0.5),
                                fontsize=8, color='white')
        plt.axis('off')
        plt.show()

        return
```

根据上述设置，即可对输入图像进行预测。在下面的代码段中，将对输入图像进行预测并显示结果。此处，启动一个 TensorFlow 会话并在 sess.run 中运行该图以计算边界框、每个边界框的得分、边界框的分类预测和检测个数。

```
image_dir = 'test_images/'
# 在之前加载的图中创建图对象
# 在TensorFlow中默认采用之前加载的图
graph=tf.get_default_graph()

# 启动一个会话来执行该图
with tf.Session(graph=graph) as sess:
    # 获得输入节点
    image_tensor = graph.get_tensor_by_name('image_tensor:0')
    # 获得输出节点
    detection_boxes = graph.get_tensor_by_name('detection_boxes:0')
    detection_scores = graph.get_tensor_by_name('detection_scores:0')
    detection_classes = graph.get_tensor_by_name('detection_classes:0')
    num_detections = graph.get_tensor_by_name('num_detections:0')
    # 从文件读取图像并在输入中进行预处理
    # 注意：也可在会话外进行
    image = read_cv_image(os.path.join(image_dir, 'cars2.png'))
    input_img = image[np.newaxis, :, :, :]
    # 计算预测时间
    start = time.time()
    # 执行预测并得到4种输出
    (boxes, scores, classes, num) = sess.run(
            [detection_boxes, detection_scores, detection_classes,
num_detections],
            feed_dict={image_tensor: input_img})
    end = time.time()
    print("Prediction time:",end-start,"secs for ", num[0], "detections")
    # 显示结果
    show_mpl_img_with_detections(image, boxes[0],scores[0],
classes[0],category_index, thres=0.6)
```

执行上述代码，一个预测示例如图 6-5 所示。每个检测到的对象都在边界框中显示。每个边界框都有预测的类别名称以及框内对象的置信度得分。

图　6-5

3. 单级检测器

在上节中，分析了两级检测器因将整个网络分为两部分而产生训练速度较慢以及训练较为困难等问题。在近来提出的单发多框检测器（SSD）等网络中，可通过去除中间阶段并执行端 - 端训练来缩减预测时间。这些网络在智能手机和低端计算单元上的运行表明了其有效性。

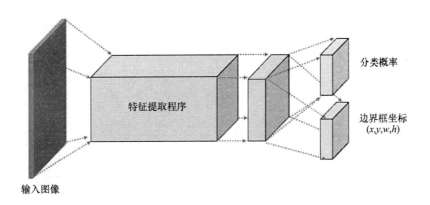

图　6-6

图 6-6 给出了网络的一个抽象视图。该网络的整体输出与两级检测器相同，给出了目标对象的分类概率以及 (x, y, w, h) 格式的边界框坐标，其中 (x, y) 为矩形框的左上角，(w, h) 分别为边界框的宽度和高度。为了多分辨率显示，该模型不仅利用了特征提取的最后一层，而且还利用了多个中间特征层。具体抽象视图如图 6-7 所示。

为进一步提高检测精度，该模型还采用了一种非最大抑制方法。这将抑制在给定区域和给定类别中不具备最大得分的所有边界框。由此，多框层的总输出边界框会显著减少，从而在图像中每类只有高分检测。

在下一节中，将分析基于 TensorFlow 的 SSD 对象检测。后面将会用到上节中的一些代码，如果已在上节中进行安装，则无须再次安装。

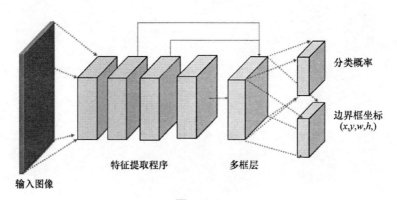

图　6-7

4. 演示示例

在下列代码中，将加载一个预训练模型，并在预定义 90 种分类上执行目标检测任务。在开始之前，首先检查是否具备一个运行 TensorFlow 的 Python 环境。

本节的输入是如图 6-8 所示的多人图像。

图 6-8

按照与两级检测器类似的方法和步骤，首先复制 TensorFlow/ 模型库。

```
git clone https://github.com/tensorflow/models.git
cd models/research
```

从 TensorFlow model-zoo 中下载一个预训练模型。这是用于单级检测器的模型。

● 对于 Mac OS X 系统：

```
curl -O
http://download.tensorflow.org/models/object_detection/ssd_inceptio
n_v2_coco_2017_11_17.tar.gz
tar -xvf ssd_inception_v2_coco_2017_11_17.tar.gz
```

● 对于 Linux 系统：

```
wget
http://download.tensorflow.org/models/object_detection/ssd_inceptio
n_v2_coco_2017_11_17.tar.gz
tar -xvf ssd_inception_v2_coco_2017_11_17.tar.gz
```

同样，将提取的文件夹在 models/research/object_detection 中命名为 ssd_inception_v2_ coco_2017_11_17。接下来，开始配置环境。若已在上节完成此操作，请忽略。

- 首先，编译 protobuf 文件。

```
protoc object_detection/protos/*.proto --python_out=.
```

- 另外，在文件夹中运行下列命令。

```
export PYTHONPATH=$PYTHONPATH:`pwd`:`pwd`/slim
```

首先加载所需的库。

```
import numpy as np
import os
import sys
import tensorflow as tf
import cv2
from matplotlib import pyplot as plt
# 在jupyter环境下注释下一行
# %matplotlib inline
import random
import time
from utils import label_map_util
```

1）下列代码是读取预训练的模型。在 TensorFlow 中，这些模型通常是以 .pb 格式保存为 protobuf 文件。另外，还需注意的是，如果有其他格式的预训练模型文件，可能需要以下列方式读取。

```
def load_and_create_graph(path_to_pb):
    """
    Loads pre-trained graph from .pb file.
    path_to_pb: path to saved .pb file
    Tensorflow keeps graph global so nothing is returned
    """
    with tf.gfile.FastGFile(path_to_pb, 'rb') as f:
        # 初始化图定义
        graph_def = tf.GraphDef()
        # 读文件
        graph_def.ParseFromString(f.read())
        # 以tf.graph导入
        _ = tf.import_graph_def(graph_def, name='')
```

2）对于本例中的输入图像，下列代码块从给定路径下读取图像到一个文件中。

```
def read_cv_image(filename):
    """
    Reads an input color image and converts to RGB order
    Returns image as an array
    """
    img = cv2.imread(filename)
    img = cv2.cvtColor(img, cv2.COLOR_BGR2RGB)
    return img
```

3）最后的效用函数是用于所预测对象周围边界框的输出显示，每个边界框具有类别名和检测得分。

```
def show_mpl_img_with_detections(img, dets, scores,
                                 classes, category_index,
                                 thres=0.6):
    """
    Applies thresholding to each box score and
    plot bbox results on image.
    img: input image as numpy array
    dets: list of K detection outputs for given image. (size:[1,K]
)
    scores: list of detection score for each detection output(size:
[1,K]).
    classes: list of predicted class index(size: [1,K])
    category_index: dictionary containing mapping from class index
to class name.
    thres: threshold to filter detection boxes:(default: 0.6)
    By default K:100 detections
    """
    # 利用matplotlib绘制效用值
    plt.figure(figsize=(12,8))
    plt.imshow(img)
    height = img.shape[0]
    width = img.shape[1]
    # 一个类别采用通用颜色且不同类别不同颜色

    colors = dict()
    # 对所有bbox迭代执行
    # 选择大于某一阈值的bbox
    for i in range(dets.shape[0]):
        cls_id = int(classes[i])
        # 针对类别索引预测错误的情况
        if cls_id >= 0:
            score = scores[i]
```

```
        # 大于某一阈值的检测得分
        if score > thres:
            if cls_id not in colors:
                colors[cls_id] = (random.random(),
                                  random.random(),
                                  random.random())
            xmin = int(dets[i, 1] * width)
            ymin = int(dets[i, 0] * height)
            xmax = int(dets[i, 3] * width)
            ymax = int(dets[i, 2] * height)
            rect = plt.Rectangle((xmin, ymin), xmax - xmin,
                                 ymax - ymin, fill=False,
                                 edgecolor=colors[cls_id],
                                 linewidth=2.5)
            plt.gca().add_patch(rect)
            # 在每个检测框周围绘制类别名和得分

            class_name = str(category_index[cls_id]['name'])
            plt.gca().text(xmin, ymin - 2,
                           '{:s} {:.3f}'.format(class_name, score),
                           bbox=dict(facecolor=colors[cls_id],
alpha=0.5),
                           fontsize=8, color='white')
    plt.axis('off')
    plt.show()

    return
```

4）此处采用 SSD 模型进行目标检测，其中是采用 Inception-V2 模型进行特征提取。该模型是在 MSCOCO 数据集上经过预训练的。之前已介绍过下载并加载该模型的代码。接下来继续执行并理解该模型。

```
# 加载预训练模型
load_and_create_graph('ssd_inception_v2_coco_2017_11_17/frozen_infe
rence_graph.pb')
```

5）在开始利用该模型对输入图像进行预测之前，需要确定如何辨别输出内容。此处将创建一个类别索引与预定义类别名之间的字典映射。下列代码将读取包含类别名映射索引的文件 data/mscoco_label_map.pbtxt。最终的索引可用于将输出读取为类别名。

```
# 加载分类输出的标签
path_to_labels = os.path.join('data', 'mscoco_label_map.pbtxt')
nb_classes = 90
```

```
label_map = label_map_util.load_labelmap(path_to_labels)
categories =
label_map_util.convert_label_map_to_categories(label_map,
                    max_num_classes=nb_classes,
use_display_name=True)
category_index = label_map_util.create_category_index(categories)
```

此时，已配置完成预测所需的所有工作。在 TensorFlow 中，模型是由计算图表征的，其在代码段中通常称为图。它由各个层组成，并在表示为节点的各层上进行操作，各节点间的连接表示数据流动方式。要进行预测，需已知输入节点名和输出节点名。一种类型可以有多个节点。要执行计算，首先需创建一个会话。图只能在会话中执行计算，并可根据需要在程序中创建会话。在下列代码段中，我们创建了一个会话，并获得预定义的输入节点和输出节点。

```
image_dir = 'test_images/'
# 在之前加载的图中创建图对象
# 在TensorFlow中默认采用之前加载的图
graph=tf.get_default_graph()

# 启动一个会话来执行该图
with tf.Session(graph=graph) as sess:
    # 获得输入节点
    image_tensor = graph.get_tensor_by_name('image_tensor:0')
    # 获得输出节点
    detection_boxes = graph.get_tensor_by_name('detection_boxes:0')
    detection_scores = graph.get_tensor_by_name('detection_scores:0')
    detection_classes = graph.get_tensor_by_name('detection_classes:0')
    num_detections = graph.get_tensor_by_name('num_detections:0')
    # 从文件读取图像并在输入中进行预处理
    # 注意: 也可在会话外进行
    image = read_cv_image(os.path.join(image_dir, 'person1.png'))
    # 输入形式[N, 宽度, 高度, 通道]
    # 其中N=1, 批大小
    input_img = image[np.newaxis, :, :, :]
    # 计算预测时间
    start = time.time()
    # 执行预测并得到4种输出
    (boxes, scores, classes, num) = sess.run(
            [detection_boxes, detection_scores, detection_classes,
num_detections],
            feed_dict={image_tensor: input_img})
    end = time.time()
    print("Prediction time:",end-start,"secs for ", num, "detections")
```

```
#  显示结果，且得分阈值为0.6
#  由于仅用了一幅图像，因此输出索引为0
show_mpl_img_with_detections(image, boxes[0],scores[0], classes[0],
thres=0.6)
```

在上述代码中，输入节点为 image_tensor:0，四个输出节点为 detection_boxes:0、detection_scores:0、detection_classes:0 和 num_detections:0。

在针对给定图像进行推断时，具体推断过程如图 6-9 所示。每个框的颜色都是根据类别而定的，并在左上角显示预测的类别名以及类别预测得分。理想情况下，得分为 1 表明模型对框中对象的类别 100% 确定。

 该得分并不是表明边界框的正确程度，而是表示内部对象类别的置信度。

图　6-9

此处，仅用一幅图像作为输入。当然也可以使用一个图像列表为输入，则相应地将得到每个图像的输出列表。为显示结果，需同时对图像和输出进行迭代，具体如下。

```
for i in range(nb_inputs):
    show_mpl_img_with_detections(images[i], boxes[i],scores[i], classes[i],
thres=0.6)
```

要显示与两级检测器的比较，对于相同输入，下面给出了单级检测器的预测输出。由图 6-10 可知，SSD 等单级检测器对于较大对象效果很好，但不能识别行人这样的较小对象。另外，两种检测器之间的预测得分也有很大差异。

SSD 输出

Faster R–CNN输出

图　6–10

6.5　小结

本章针对目标检测以及建立一个良好检测器所面临的挑战进行了概述。虽然基于深度学习进行目标检测的方法有很多，但一般都是分为单级检测器和两级检测器。每种检测器都各有优点，如单级检测器适用于实时应用，而两级检测器适用于高精度输出。在示例结果（见图 6-10）中显示了模型之间的精度差异。此时，我们可理解如何选择目标检测器，并在 TensorFlow 下运行一个预训练模型。每个输出样本都表明了模型在复杂图像下的有效性。

下一章，我们将学习更多有关基于深度学习方法的分割和跟踪的图像识别问题。

参考文献

- Viola Paul and Michael J. Jones. *Robust real-time face detection.* International journal of computer vision 57, no. 2 (2004): 137-154.
- Ren Shaoqing, Kaiming He, Ross Girshick, and Jian Sun. *Faster R-CNN: Towards real-time object detection with region proposal networks.* In Advances in neural information processing systems, pp. 91-99. 2015.
- Liu Wei, Dragomir Anguelov, Dumitru Erhan, Christian Szegedy, Scott Reed, Cheng-Yang Fu, and Alexander C. Berg. *SSD: Single Shot Multibox Detector.* In European conference on computer vision, pp. 21-37. Springer, Cham, 2016.
- Lin et al., *Microsoft COCO: Common Objects in Context*, `https://arxiv.org/pdf/1405.0312.pdf`.

第 7 章

分割和跟踪

在上一章中，我们介绍了利用卷积神经网络（CNN）来进行特征提取和图像分类的不同方法，以检测图像中的目标。这些方法都能够很好地在目标对象周围创建边界框，但是，如果实际应用需要获得一个目标对象的精确边界（称为实例），则应采用一种不同的方法。

本章将着重讨论对象实例检测，也称为图像分割。在本章的后半部分中，将首先介绍使用基于 OpenCV 的 MOSSE 跟踪器来实现在图像序列中跟踪对象的各种方法。

尽管分割和跟踪并不是一个关联密切的问题，但都在很大程度上依赖于之前的特征提取和目标检测方法。分割和跟踪的应用范围非常广泛，包括图像编辑、图像去噪、监控、运动捕捉等。所选择的分割和跟踪方法通常要适用于具体应用。

7.1 数据集和库

此处，继续利用 OpenCV 和 NumPy 来进行图像处理。对于深度学习，将在 TensorFlow

后端采用 Keras。对于分割，将采用 Pascal VOC 数据集。这有利于目标检测和分割的注释。对于跟踪，将采用 MOT16 数据集，该数据集是由视频中的带注释图像序列组成的。接下来，将说明如何使用代码。

7.2　分割

分割通常是指将相似类别的像素进行聚类。图 7-1 给出一个示例。由图 7-1 可知，左侧是输入，右侧是分割结果。目标颜色是根据预定义的对象类别来确定的。这些示例图片来自于 Pascal VOC 数据集。

在左侧上图中，背景具有几架小型飞机，因此，在右侧的相应图像中可观察到相应颜色的一些像素。在左侧下图中，有两只宠物交叠在一起，因此，在右侧的分割图像中具有不同颜色的像素来分别对应猫和狗。在图 7-1 中，为方便起见，边界颜色不同，但并不意味着属于不同类别。

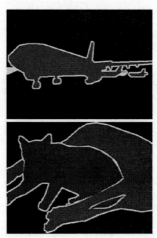

图　7-1

在传统的分割技术中，所用的关键属性是图像强度。首先，找到具有相似强度值的不同较小区域，然后将其合并成较大区域。为达到最佳性能，用户需为算法选择一个初始点。但近来的深度学习方法表明可在无须初始化的情况下达到更好的性能。在接下来的章节中，将之前介绍的 CNN 扩展到图像分割应用。

在开始讨论分割方法之前，首先分析一下其所面临的挑战。

7.2.1 分割挑战

随着检测复杂性的不断增大，分割任务中所面临的挑战也会远大于之前的目标检测任务。

● **噪声边界**：由于目标对象的边缘模糊，对属于某一类别的像素进行分组可能不够精确。由此会造成属于不同类别的对象像素聚类在一起。

● **场景杂乱**：由于图像帧中具有多个对象，因此很难对像素进行正确分类。场景越杂乱，则误报率随之也越大。

7.2.2 用于分割的 CNN

基于深度学习的分割方法近来在更为复杂的领域得到了快速发展，无论是在精确性还是有效性方面。利用 CNN 进行图像分割的一种主流模型是全卷积网络（FCN）[5]，这将在本节中进行探讨。该方法的优点在于可以训练一个端 - 端的 CNN 来执行像素级的语义分割。输出是一幅每个像素分类为背景或预定义对象类别的图像。整体架构如图 7-2 所示。

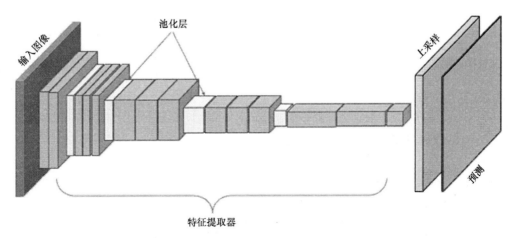

用于图像分割的全卷积网络

图 7-2

　　由于这些层都是分层堆叠的，因此每一层的输出都会被下采样，不过特征还是较为丰富的。在最后一层，如图 7-2 所示，通过一个反卷积层可对下采样输出进行上采样操作，从而使得最终输出与输入大小相同。

　　反卷积层可用于将输入特征转换为上采样特征，但由于该操作并非是卷积的逆运算，因此，命名有些易于混淆。反卷积其实相当于转置卷积，与常规卷积运算相比，是对输入进行转置后再卷积。

　　在之前的模型中，特征层的上采样是在一层中完成的。但在全卷积网络中，是扩展到一个分层结构中，如图 7-3 所示。

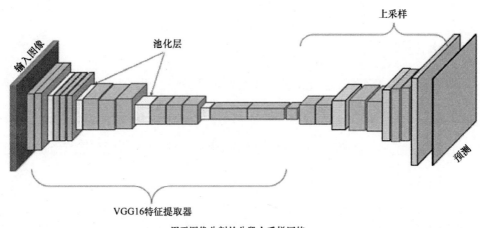

用于图像分割的分段上采样网络

图　7-3

　　在图 7-3 中，特征提取器保持不变，同时采用更多的反卷积层来更新上采样，其中，每一层从上一层进行特征上采样，并最终生成总体更丰富的预测。

7.2.3　FCN 的实现

　　本节将学习在 Keras 中构建一个基本的分割模型。

　　首先导入 Keras 所需的模块。

```
from keras.models import *
from keras.layers import *
from keras.applications.vgg16 import VGG16
```

以下代码是创建一个 FCN 模型，该模型以 VGG16 特征为输入，并添加更多的层以进行微调。然后对此进行上采样，以获得输出结果。

```
def create_model_fcn32(nb_class, input_w=256):
    """
    Create FCN-32s model for segmentaiton.
    Input:
        nb_class: number of detection categories
        input_w: input width, using square image

    Returns model created for training.
    """
    input = Input(shape=(input_w, input_w, 3))

    # 初始化不包括全连接层的特征提取器
    # 此处采用VGG模型以及预训练好的权重
    vgg = VGG16(include_top=False, weights='imagenet', input_tensor=input)
    # 创建后续网络
    x = Conv2D(4096, kernel_size=(7,7), use_bias=False,
               activation='relu', padding="same")(vgg.output)
    x = Dropout(0.5)(x)
    x = Conv2D(4096, kernel_size=(1,1), use_bias=False,
               activation='relu', padding="same")(x)
    x = Dropout(0.5)(x)
    x = Conv2D(nb_class, kernel_size=(1,1), use_bias=False,
               padding="same")(x)
    # 利用转置卷积层上采样到原始图像大小
    x = Conv2DTranspose(nb_class ,
                        kernel_size=(64,64),
                        strides=(32,32),
                        use_bias=False, padding='same')(x)
    x = Activation('softmax')(x)
    model = Model(input, x)
    model.summary()
    return model

# 创建适用于21类pascal voc图像分割的模型
model = create_model_fcn32(21)
```

在本节中，介绍了计算图像中目标对象精确区域的分割方法。此处所示的 FCN 方法仅通过卷积层来计算上述区域。上采样方法是计算像素级类别的关键，因此，选择不同的上采样方法将产生不同质量的结果。

7.3 跟踪

跟踪是在连续图像序列上估计目标对象位置的问题。其进一步可分为单目标跟踪和多目标跟踪，不过，单目标和多目标跟踪需要稍有不同的方法。在本节中，将介绍多目标跟踪和单目标跟踪的方法。

基于图像的跟踪方法在行为识别、自动驾驶汽车、安全监控、增强现实、运动捕捉系统和视频压缩等领域得到应用。例如，在增强现实（AR）应用中，如果要在平面上绘制一个虚拟的三维对象，就需要跟踪平面表面以获得一种可行的输出。

在监控或交通监视领域中，跟踪车辆并记录和保存车牌有助于交通管理及确保安全运行。另外，在视频压缩应用中，如果已知在数据帧中只有一个对象发生变化，则可通过仅处理发生变化的像素来执行更好的压缩，从而优化视频传输和接收。

在讲解跟踪配置前，首先在下一节讨论存在的挑战。

7.3.1　跟踪挑战

在构建应用程序之前，了解需要应对的挑战是至关重要的。作为一种标准的计算机视觉方法，普遍存在着许多挑战。

● **目标对象遮挡**：如果在图像序列中目标对象被其他物体遮挡，那么不仅很难检测到该对象，而且即使下次可见，也很难更新后续图像。

● **快速移动**：像智能手机上的相机经常会受到抖动的影响。这会导致图像模糊，甚至有时还会造成图像帧中完全看不到对象。因此，相机的突然抖动也会导致跟踪出现问题。

● **形状变化**：如果跟踪目标是非刚性对象，那么物体的形状变化或完全变形往往会造成无法检测到物体，从而导致跟踪失败。

● **误报**：在具有多个类似对象的场景中，很难在后续图像中匹配目标对象。跟踪器可能在检测时就丢失当前对象，而开始跟踪其他类似对象。

上述挑战都可能会使得应用程序突然崩溃，或完全错误估计目标对象的位置。

7.3.2　目标跟踪方法

一种直观的跟踪方法是采用上一章中所介绍的目标检测方法，在每一帧图像中计算检测目标。这将导致需要对每一帧进行边界框检测，但还希望确定特定对象是否驻留在图像序列中，以及需要跟踪场景中的目标对象多少帧，即 K- 帧。另外，还需要一个匹配策略来表明前一图像中的目标对象正是当前图像帧中的对象。

继续沿着刚才的直观方法，为边界框的运动增加一个预测器。假设边界框的状态是由中心坐标及其运动速度决定的。随着在图像序列中观察到越来越多的边界框，其状态也会相应改变。

给定边界框的当前状态，可通过假设测量中存在噪声来预测其在下一帧中的可能区域。目标对象检测器可在下一个可能区域中搜索与前一目标类似的对象。新确定的目标对象框的位置和上一边界框状态将有助于更新边界框的新状态。更新后的新状态将用于下一帧。因此，在所有图像帧上迭代此过程将不仅跟踪目标对象边界框，而且还可在整个图像序列中不断检查特定对象的位置。这种跟踪方法也称为检测跟踪。

在检测跟踪中，每一帧都利用一个目标检测器来查找可能的目标实例，并将检测结果与前一帧中的相应目标进行匹配。

另一方面，如果不采用目标检测器，还可以初始化目标对象，并通过在每帧中寻找相似对象并与之匹配来进行跟踪。

在下一节中，我们将介绍两种常用的跟踪方法。第一种方法运行速度快且简单，而第二种方法则非常精确，即使是在多目标跟踪情况下。

1. MOSSE 跟踪器

这提出了一种基于相关滤波器的目标快速跟踪方法。基于相关滤波器的跟踪方法主要包括以下步骤。

1）假设给定目标对象模板 T 和输入图像 I，首先对模板（T）和图像（I）进行快速傅里叶变换（FFT）。

2）在模板 T 和图像 I 之间执行卷积运算。

3）利用快速傅里叶逆变换（IFFT）将第 2 步的结果反演到空间域。模板对象在图像 I 中的位置即为所得 IFFT 响应的最大值。

这种基于相关滤波器的技术在模板 T 的选择上具有局限性。由于单模板图像匹配可能无法观察到目标对象的所有变化，例如图像序列中的旋转。Bolme 及其同事提出了一种更为稳健的基于跟踪器的相关滤波器，称为误差最小平方和（MOSSE）滤波器。在该方法中，首先通过最小化平方误差和来学习用于匹配的模板 T，即

$$\min_{T^*} \sum_i |I_i \odot T^* - O_i|^2$$

式中，i 是训练样本；所得的学习模板是 T^*。

由于已在 https://github.com/opencv/opencv/blob/master/samples/python/mosse.py 中提供了很好的实现，因此接下来可直接观察在 OpenCV 中的 MOSSE 跟踪器的实现。

下面分析关键代码。

```python
def correlate(self, img):
    """
    Correlation of input image with the kernel
    """

    # 得到傅里叶域中的响应
    C = cv2.mulSpectrums(cv2.dft(img, flags=cv2.DFT_COMPLEX_OUTPUT),
                         self.H, 0, conjB=True)

    # 求逆得到图像域输出
    resp = cv2.idft(C, flags=cv2.DFT_SCALE | cv2.DFT_REAL_OUTPUT)
    # 响应的最大位置
    h, w = resp.shape
```

```
_, mval, _, (mx, my) = cv2.minMaxLoc(resp)
side_resp = resp.copy()
cv2.rectangle(side_resp, (mx-5, my-5), (mx+5, my+5), 0, -1)
smean, sstd = side_resp.mean(), side_resp.std()
psr = (mval-smean) / (sstd+eps)

# 跟踪器位移是从中心开始的最大位移
return resp, (mx-w//2, my-h//2), psr
```

Update 函数从视频或图像序列中迭代获得图像帧，并更新跟踪器的状态：

```
def update(self, frame, rate = 0.125):
        # 计算当前状态和窗口大小
        (x, y), (w, h) = self.pos, self.size
        # 计算并更新新的图像帧中的矩形区域
        self.last_img = img = cv2.getRectSubPix(frame, (w, h), (x, y))
        # 归一化预处理
        img = self.preprocess(img)
        # 相关分析并计算位移
        self.last_resp, (dx, dy), self.psr = self.correlate(img)
        self.good = self.psr > 8.0
        if not self.good:
            return

        # 更新位置
        self.pos = x+dx, y+dy
        self.last_img = img = cv2.getRectSubPix(frame, (w, h), self.pos)
        img = self.preprocess(img)

        A = cv2.dft(img, flags=cv2.DFT_COMPLEX_OUTPUT)
        H1 = cv2.mulSpectrums(self.G, A, 0, conjB=True)
        H2 = cv2.mulSpectrums( A, A, 0, conjB=True)
        self.H1 = self.H1 * (1.0-rate) + H1 * rate
        self.H2 = self.H2 * (1.0-rate) + H2 * rate
        self.update_kernel()
```

采用 MOSSE 滤波器的一个主要优点是对于实时跟踪系统而言，其处理速度非常快。整个算法实现简单，可应用在不具有特殊图像处理库的硬件上，如嵌入式平台。现已对该滤波器进行了一些改进，因此，需要进一步了解这些改进的滤波器。

2. 深度 SORT

在此之前，已学习了一个最简单的跟踪器。本节将利用 CNN 提取的更丰富特征来进行跟踪。深度 SORT[2] 是一种新的跟踪算法，该算法对简单在线实时跟踪 [3] 进行了扩展，并在多目标跟踪（MOT）问题上取得了显著效果。

在 MOT 的问题设置中，每帧都有多个待跟踪的目标对象。解决该问题的通用方法包括两个步骤。

● **检测**：首先，在图像帧中检测所有对象。可以是单目标检测或多目标检测。

● **关联**：一旦对图像帧进行检测之后，就与前一帧中的相似检测结果进行匹配。将匹配的帧置于序列中以跟踪目标对象。

在深度 SORT 中，上述通用方法可进一步分为三个步骤。

1）为计算检测，采用了一种基于 CNN 的主流目标检测方法。如在参考文献 [2] 中，采用了 Faster R-CNN[4] 来执行每帧的初始检测。正如前面所述，该方法是两级目标检测，对于目标检测效果良好，即使在目标变换和遮挡的情况下。

2）数据关联前的中间步骤包括一个估计模型。该模型是利用每个轨迹的状态作为八元向量，即边界框中心（x, y）、边界框尺寸（s）、边界框纵横比（a）以及它们对时间的导数作为速度。Kalman 滤波器则用于将这些状态建模为一个动态系统。如果根据连续帧的阈值，没有检测到跟踪对象，则认为对象位于图像帧外或丢失。对于新检测到的边界框，启动新的轨迹。

3）在最后一步中，利用之前的信息和在当前帧中新检测到的边界框，由 Kalman 滤波得到预测状态，并将新的检测与前一帧中的目标轨迹进行关联。这是在二分图匹配中执行 Hungarian 算法进行计算得到的。通过设置与距离公式匹配的权重，使得该方法更加鲁棒。

结合图 7-4，给出进一步的阐述说明。跟踪器利用状态向量来保存之前检测的历史信息。如果出现新的帧，可采用预存的边界框来检测或通过第 6 章中介绍的目标检测方法进行计算。最后，利用边界框检测的当前观测和之前状态来估计当前跟踪。

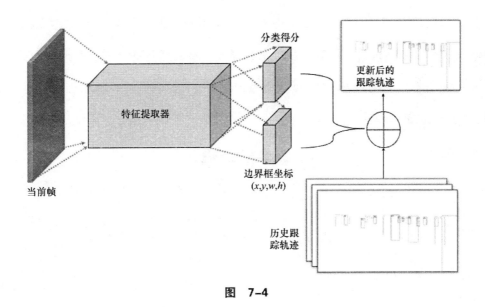

图　7-4

在 https://github.com/nwojke/deep_sort 中提供了一个采用官方资源库的深度 SORT 的有效演示示例。

首先，复制下列资源库。

```
git clone https://github.com/nwojke/deep_sort.git
```

由于已安装了 TensorFlow 和 Keras，此时无须再次安装。如前所述，初始检测采用了基于 CNN 的目标检测方法。运行网络并获得检测或利用预生成的检测。为此，在 deep_sort 文件夹中获取预先训练后的模型。

● 对于 Mac OS 系统（如果 wget 不可用）：

```
curl -O
https://owncloud.uni-koblenz.de/owncloud/s/f9JB0Jr7f3zzqs8/download
```

● 对于 Linux 系统：

```
wget
https://owncloud.uni-koblenz.de/owncloud/s/f9JB0Jr7f3zzqs8/download
```

这些下载的文件包括针对 MOT CCBY-NC-SA3.0 数据集，采用基于 CNN 的模型而预检测到的边界框。除此之外，还需使用下载的模型，即创建这些检测的数据集。首先，从 https://motchallenge.net/data/MOT16.zip 获得数据集。

● 对于 Mac OS 系统：

```
curl -O https://motchallenge.net/data/MOT16.zip
```

● 对于 Linux 系统：

```
wget https://motchallenge.net/data/MOT16.zip
```

由于已设置完成代码结构，因此可运行一个演示示例，即

```
python deep_sort_app.py \
    --sequence_dir=./MOT16/test/MOT16-06 \
    --
detection_file=./deep_sort_data/resources/detections/MOT16_POI_test/MOT16-0
6.npy \
    --min_confidence=0.3 \
    --display=True
```

其中，

● --sequence_dir 是 MOT 挑战测试图像序列的路径。

● --detection_file 是所下载的与之前选择的图像序列目标相对应的预生成的检测。

● --min_confidence 是滤波任何低于该值的检测阈值。

对于测试序列 MOT16-06，可见逐帧显示视频输出的窗口。每帧由被跟踪人周围的边界框组成，且编号是被跟踪人的 ID。若检测到一个新的人，则更新编号，并一直跟踪直到停止。在图 7-5 中，由跟踪窗口来表明一个示例输出。为便于解释，未显示背景图像，而仅显示了跟踪框。

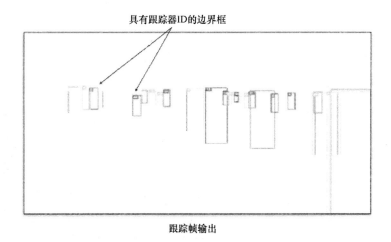

具有跟踪器ID的边界框

跟踪帧输出

图　7-5

希望读者能够运行其他测试序列，如 MOT16-07，以进一步了解模型在不同环境下的有效性。

在本节中，我们给出了一个针对 MOT 的深度 SORT 方法的演示示例。该方法的关键之一是检测和使用 Faster R-CNN 作为良好的检测器。但为了提高整个算法的执行速度，也可用其他快速目标检测器来代替 Faster R-CNN，如单发检测器（SSD），因为其他方法是利用检测框状态，而不是特征提取方法和特征本身。

7.4　小结

本章分析了两种不同的计算机视觉问题。在分割问题中，我们提出了基于像素级和基于卷积神经网络的方法。FCN 表明了采用特征提取方法进行图像分割的有效性，因此，当前的一些应用都是基于该方法的。在跟踪问题中，我们讨论了两种不同的方法。检测跟踪和匹配跟踪都可用于视频的目标跟踪。MOSSE 跟踪器是一个用于快速应用的简单跟踪器，可在小型计算设备上实现。本章介绍的深度 SORT 方法可用于使用深度 CNN 目标检测器的多目标跟踪。

　　下一章将介绍侧重于直观理解场景几何结构的另一个计算机视觉研究分支。我们将介绍仅利用图像计算相机位置并跟踪其轨迹的方法。

参考文献

- Bolme David S. J. Ross Beveridge, Bruce A. Draper, and Yui Man Lui. *Visual object tracking using adaptive correlation filters*. In Computer Vision and Pattern Recognition (CVPR), 2010 IEEE Conference on, pp. 2544-2550. IEEE, 2010.
- Wojke, Nicolai, Alex Bewley, and Dietrich Paulus. *Simple Online and Realtime Tracking with a Deep Association Metric*. arXiv preprint arXiv:1703.07402 (2017).
- Bewley, Alex, Zongyuan Ge, Lionel Ott, Fabio Ramos, and Ben Upcroft. *Simple online and realtime tracking*. In Image Processing (ICIP), 2016 IEEE International Conference on, pp. 3464-3468. IEEE, 2016.
- Ren, Shaoqing, Kaiming He, Ross Girshick, and Jian Sun. *Faster R-CNN: Towards real-time object detection with region proposal networks*. In Advances in neural information processing systems, pp. 91-99. 2015.
- Long, Jonathan, Evan Shelhamer, and Trevor Darrell. *Fully convolutional networks for semantic segmentation*. In Proceedings of the IEEE Conference on Computer Vision and Pattern Recognition, pp. 3431-3440. 2015.

第 8 章

三维计算机视觉

在前面几章中，我们讨论了从图像中提取目标和语义信息。已知只有良好的特征提取才能实现目标检测、分割和跟踪。这些信息明确要求场景的几何结构。所以在一些应用中，了解场景的精确几何结构具有至关重要的作用。

本章将讨论如何产生图像的三维结构。我们将首先利用一个简单的相机模型来理解像素值和现实世界中的点是如何对应联系的。随后，将研究从图像计算深度的方法，以及从图像序列计算相机运动的方法。

本章的主要内容如下。

● RGBD 数据集。

● 从图像中提取特征的应用。

● 成像原理。

● 图像对齐。

- 视觉里程计。

- 视觉 SLAM。

8.1　数据集和库

本章将对大多数应用程序使用 OpenCV。在最后一节中，对于视觉同步定位和地图构建（vSLAM）方法，将采用开放源码库。本节将介绍其主要应用领域。数据集是采用 RGBD 数据集，这是由 RGB 和深度相机采集的图像序列组成。要下载该数据集，请访问以下链接并下载 fr1/xyz 压缩文件：https://vision.in.tum.de/data/datasets/rgbd-dataset/download。

另外，也可在终端下执行以下命令（仅针对 Linux）：

```
wget
https://vision.in.tum.de/rgbd/dataset/freiburg1/rgbd_dataset_freiburg1_xyz.
tgz
tar -xvf rgbd_dataset_freiburg1_xyz.tgz
```

8.2　应用

尽管深度学习可以为高级应用提取良好的特征，但有些领域需要像素级匹配来计算图像的几何信息。需要这些信息的一些应用如下所示。

- **无人机**：在无人机等商业机器人中，图像序列用于计算安装在其上的相机的运动。这样可有助于进行稳健的运动估计，结合陀螺仪、加速度计等其他惯性测量单元（IMU），可更加准确地估计整体运动。

- **图像编辑应用**：智能手机和专业应用中的图像编辑功能包括创建全景图像、图像拼接等工具。这些应用是根据图像样本中的普通像素来计算朝向的，并在一个目标朝向上对齐图像。所得的结果图像看起来是通过一副图像边缘与另一幅图像边缘拼接而成的。

- **卫星或空间飞行器**：在卫星或机器人的远程操作中，很难或常常错误获取一次大幅运动后的方位。如果机器人沿着月球上的一条路径移动，那么可能会由于其本地 GPS 系统或惯性测量装置的错误而迷失方向。为建立更鲁棒的系统，还需要计算相机基于图像的方向，并融合其他传感器数据，以获得更稳健的运动估计。

● **增强现实：** 随着智能手机和应用的蓬勃发展以及性能更优的硬件的产生，一些利用几何信息的计算机视觉算法现已可以实时运行。增强现实（AR）应用和游戏就是使用图像序列的几何特性，然后进一步将这些信息与其他传感器数据相结合，以创建无缝的 AR 体验，由此可观察一个貌似在真实场景下的虚拟对象。在这些应用中，跟踪平面目标并计算目标与相机之间的相对位置至关重要。

8.3 成像原理

基本的相机模型是针孔相机模型，不过在现实世界中所用的相机模型要复杂得多。针孔相机是由平面上一个极小狭缝组成的，由此可形成如图 8-1 所示的图像。

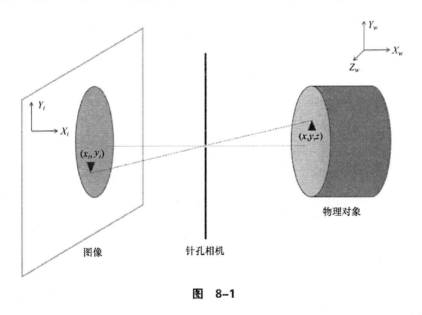

图 8-1

该相机是将物理世界（通常称为真实世界）中的一点转换为图像平面上的一个像素。转换过程是依据从三维坐标系到二维坐标系的变换。在图像平面中，坐标表示为 $P_i = (x_i,$

y_i)，其中，P_i 是图像中的任一点。在物理世界中，同一点表示为 $P_w = (x, y, x)$，其中，P_w 是全局参考坐标系下物理世界中的任一点。

对于理想的针孔相机，$P_i(x', y')$ 和 $P_w(x, y, z)$ 之间的关系为

$$x' = f\frac{x}{z}$$

$$y' = f\frac{y}{z}$$

式中，f 为相机的焦距。

为进一步讨论成像的几何问题，有必要介绍一次齐次坐标系。物理世界坐标系称为欧几里得坐标系。在图像平面中，坐标为 (x, y) 的点 P' 在齐次坐标系中表示为 $(x, y, 1)$。同理，在世界坐标系中坐标为 (x, y, z) 的点 P_w 也可在齐次坐标系中表示为 $(x, y, z, 1)$。

从齐次坐标系变换到欧几里得坐标系，需要除以坐标中的最后一项。将齐次坐标系中图像平面上的一点 (x, y, w) 转换为欧几里得坐标系下的 $(x/w, y/w)$。同理，对于齐次坐标系中给定为 (x, y, z, w) 的一个三维点，欧几里得坐标系下的坐标为 $(x/w, y/w, z/w)$。在本书中，会明确提到齐次坐标系；否则，将是采用欧几里得坐标系中的方程。

成像过程是将物理世界坐标转换为图像平面坐标，但会丢失一个维度上的信息。这意味着在构建一幅图像时，会丢失每个像素的深度信息。因此，无法从图像像素坐标反向转换到真实世界坐标。如图 8-2 所示，对于图中的点 P_l，在沿直线方向上存在无限多个点。点 P_1、P_2 和 P_3 具有相同的图像像素位置，因此，在成像过程中会丢失深度估计信息（与相机的距离）。

设从两幅图像中观察物理世界中的同一个点。如果已知构成图像的相机光心以及该点在两幅图像中的位置，这样就能得到更多信息。图 8-3 通过两幅图像阐述了外极线几何。

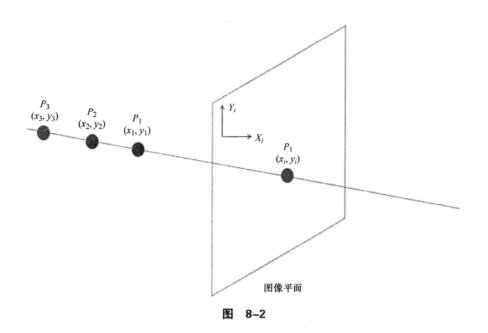

图　8-2

图　8-3

外极线几何示意

在图 8-3 中，相机中心点 O_1 和 O_2 与物理世界中的 P_w 点相连，且由 P_w、O_1、O_2 形成的平面是外极平面。相机中心线 O_1O_2 与图像的交点是图像的外极点。外极点可能位于或不位于图像上。在两个图像平面平行的情况下，外极点将位于无穷远处。若已知相机中心点 O_1 和 O_2 之间的变换为平移 T 和旋转 R，则可以定义一个外极线约束，由此可计算在图像 1 中 P_1 点在图像 2 中的相应位置。从数学上，可表示为

$$p_{I_1}^{\mathrm{T}} \cdot \left[T \times \left(R p_{I_2} \right) \right] = 0$$

反之，若已知两幅图像中对应点的位置，则需要计算两个相机中心点之间的旋转矩阵 **R** 和平移矩阵 **T**。如果两个相机不同，则相机中心点与图像平面之间的距离也可能不同。因此，还需要相机的内部参数。从数学上，可表示为

$$p_{I_1}^{\mathrm{T}} \cdot F \cdot p_{I_2} = 0, \ \text{其中} F = K_1^{-\mathrm{T}} \cdot [T_{\times}] \cdot R K_2^{-1}$$

式中，**F** 称为基本矩阵；**K** 为每个相机的内部矩阵。计算 **F**，即可知道两个相机位置之间是否正确转换，并可将一个图像平面上的任一点转换到另一图像平面上。

下节将介绍图像及其应用之间的转换。

8.4   图像对齐

图像对齐是一个计算变换矩阵的问题，从而在将该变换应用于输入图像时，可将其转换到目标图像平面。由此，生成的图像就像是拼接在一起，从而形成一个连续的较大图像。

全景图像就是一个图像对齐的例子，其中，通过改变相机角度来采集场景图像，而生成的图像是对齐图像的组合。一个生成的结果图像如图 8-4 所示。

在图 8-4 中，给出了一个创建全景图像的示例。利用相机，通过添加重叠区域来采集同一场景的多幅图像。随着相机的移动，姿态通常会发生显著变化，因此对于相机的不同姿态，需计算变换矩阵。

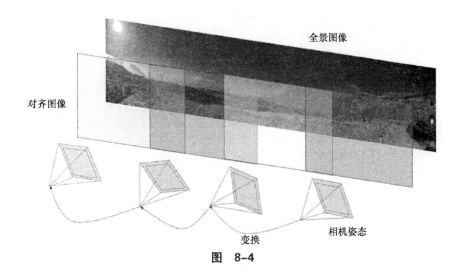

图　8-4

接下来，首先介绍计算该变换矩阵的基本方法。下列代码也适用于 Jupyter notebook。

在下列代码段中，我们定义了一个计算面向 BRIEF（ORB）关键点的函数。每个关键点都

有一个描述算子。

```
import numpy as np
import matplotlib.pyplot as plt
import cv2
print(cv2.__version__)
import glob
# 在Jupyter notebook 中无需注释下行代码
# %matplotlib inline
# 这是在 notebook 中绘图
def compute_orb_keypoints(filename):
    """
    Reads image from filename and computes ORB keypoints
    Returns image, keypoints and descriptors.
    """
    # 加载图像
    img = cv2.imread(filename)
    # 创建ORB对象
    orb = cv2.ORB_create()
    # 设置提取ORB点的方法
    orb.setScoreType(cv2.FAST_FEATURE_DETECTOR_TYPE_9_16)
    orb.setWTA_K(3)
    # 检测关键点
    kp = orb.detect(img,None)

    # 对于检测到的关键点，计算描述算子
    kp, des = orb.compute(img, kp)
    return img,kp, des
```

一旦获取特征关键点，即可采用暴力匹配算法进行匹配，代码如下所示。

```python
def brute_force_matcher(des1, des2):
    """
    Brute force matcher to match ORB feature descriptors
    """
    # 创建 BFMatcher 对象
    bf = cv2.BFMatcher(cv2.NORM_HAMMING2, crossCheck=True)
    # 匹配描述算子
    matches = bf.match(des1,des2)

    # 按距离进行排序
    matches = sorted(matches, key = lambda x:x.distance)

    return matches
```

下面是计算基本矩阵的主函数。

```python
def compute_fundamental_matrix(filename1, filename2):
    """
    Takes in filenames of two input images
    Return Fundamental matrix computes
    using 8 point algorithm
    """
    # 计算每幅图像的ORB关键点和描述算子
    img1, kp1, des1 = compute_orb_keypoints(filename1)
    img2, kp2, des2 = compute_orb_keypoints(filename2)
    # 利用描述算子计算关键点匹配
    matches = brute_force_matcher(des1, des2)
    # 提取点
    pts1 = []
    pts2 = []
    for i,(m) in enumerate(matches):
        if m.distance < 20:
            #print(m.distance)
            pts2.append(kp2[m.trainIdx].pt)
            pts1.append(kp1[m.queryIdx].pt)
    pts1 = np.asarray(pts1)
    pts2 = np.asarray(pts2)
    # 计算基本矩阵
    F, mask = cv2.findFundamentalMat(pts1,pts2,cv2.FM_8POINT)
    return F


# 按排序顺序从文件夹中读取图像列表
# 在此更改为数据集路径
image_dir = '/Users/mac/Documents/dinoRing/'
file_list = sorted(glob.glob(image_dir+'*.png'))

# 计算两幅图像之间的F矩阵
print(compute_fundamental_matrix(file_list[0], file_list[2]))
```

在下一节，我们将扩展图像之间的相对变换来计算相机姿态，并估计相机的运动轨迹。

8.5 视觉里程计

里程计是一个增量估计机器人或设备位置的过程。对于轮式机器人，是通过车轮运动或陀螺仪、加速度计等惯性测量工具来对车轮旋转进行求和，以估计机器人的位置。利用视觉里程计（VO），可通过连续估计相机运动，仅利用图像序列来估计相机的里程。

VO 的一个主要用途是在无人机等自主机器人中，当陀螺仪和加速度计不够鲁棒的情况下来进行运动估计。然而，VO 的使用具有一些假设条件和挑战。

● 首先，相机场景中的对象应是静态的。当相机采集图像序列时，唯一移动的对象应是相机本身。

● 此外，在 VO 估计过程中，如果光源外观存在显著的照度变化，则后续图像中的像素值可能会发生剧烈变化。由此，VO 就会产生较大误差或完全失效。同样，在黑暗环境下也是如此；由于缺少照度，VO 无法有效进行运动估计。

VO 的工作过程如下。

1）将起始位置初始化为参考坐标系的原点。随后所有的运动估计都是在该坐标系下进行的。

2）采集到一帧图像后，计算特征并将对应的特征与前一帧相匹配，得到变换矩阵。

3）利用后续所有图像帧之间的历史变换矩阵来计算相机轨迹。

上述过程如图 8-5 所示。

图 8-5 中，I_i 是从相机接收到的第 i 帧图像；T_{ij} 是通过第 i 帧和第 j 帧图像间的特征匹配所计算得到的变换矩阵。相机的运动轨迹用星号表示，其中，P_i 是第 i 帧图像上相机的估计姿态。这可以是具有（x，y）角度的二维姿态，也可以是三维姿态。每个 P_j 都是通过在 P_i 上执行变换矩阵 T_{ij} 而计算得到的。

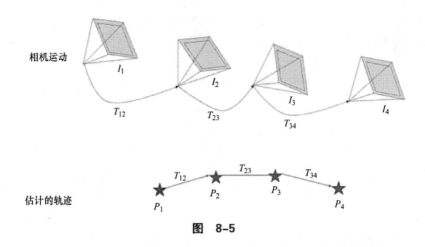

图　8-5

除了上述提到的假设条件之外，VO 估计还有一些局限性。

● 随着从图像序列中观察到的图像越来越多，轨迹估计误差也越来越大。这会导致计算的相机运动轨迹产生整体漂移。

● 在相机突然运动的情况下，相应的两帧图像之间的特征匹配将会产生明显错误。因此，所估计的图像帧之间的变换也会产生巨大误差，从而使得相机的整体运动轨迹发生严重畸变。

8.6　视觉 SLAM

SLAM 是指同步定位和地图构建，这是机器人导航中最常见的问题之一。由于移动机器人本身没有关于周围环境的硬编码信息，因此需要利用车载传感器来构建周围区域的表示。机器人试图估计其相对于周围物体（如树木、建筑物等）的位置。因此，这是一个鸡和蛋的问题，在该问题中，机器人首先尝试利用周围对象来进行自定位，然后根据其得到的位置信息来对周围物体建立地图，因此，称为同步定位和地图构建。解决 SLAM 问题有一些方法。在本节中，我们将讨论使用 RGB 单目相机的特殊 SLAM。

视觉 SLAM（vSLAM）方法是通过计算更稳健的相机轨迹以及构造环境的稳健表征来扩展视觉里程计。视觉 SLAM 的大致执行过程如图 8-6 所示。

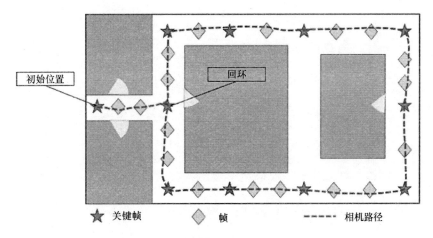

建筑物走廊中的视觉SLAM示例

图 8-6

这是由无向图组成的通用 SLAM 方法的总体情况。图中的每个节点都由一个关键帧组成，该关键帧是表示周围世界的唯一信息，还包含位置的相机姿态（x，y，角度）。其中，关键帧是与关键帧场景高度重叠的帧，但是，这有助于计算下一帧的鲁棒姿态估计。此处，相机通过在原点初始化关键帧来开始处理过程。随着相机沿着轨迹移动，SLAM 系统会根据条件添加关键帧或图像帧来更新图。如果相机返回到之前已观察过的区域，则会与原先的帧相关联，在图中创建一个循环结构。这通常称为回环且有助于校正整个图的结构。图中连接节点的边通常是对两个节点位置之间的变换矩阵进行加权。总体而言，通过改进关键帧的位置可以校正图的结构。这是通过最小化总体误差来实现的。一旦构建完成一个图，就可以保存，并通过与最邻近关键帧进行匹配来定位相机。

本节将介绍一种利用单目相机的主流鲁棒方法——ORB SLAM。该方法构造了一个类似于上述所示的图结构，来跟踪相机姿态，并处理简单相加所采集的 RGB 图像。具体步骤如下。

1）输入：在单目相机情况下，输入是采集的一帧图像。

2）初始化：处理过程启动后，首先利用原点初始化一个图，并构造关键帧图的第一个节点。

3）系统具有三个并行执行的线程，如下。

● **跟踪**：对于每个输入的图像帧，提取 ORB 特征以进行匹配。这些特征与之前观察的图像帧相匹配，然后用于计算当前帧的相对位置。这也决定了当前帧是作为关键帧还是普通帧使用。

● **局部地图构建**：如果通过跟踪确定了新的关键帧，则会在图中插入新的节点来更新整个图。当相邻关键帧之间形成新的连接时，将删除其他冗余连接。

● **回环**：如果存在与当前关键帧匹配的之前观察的图像帧，则形成回环。这就提供了有关相机位置轨迹所造成的漂移的附加信息，由此，地图中的所有节点位置都会通过一个优化算法进行校正。

在接下来的内容中，将采用来自 https://github.com/raulmur/ORB_SLAM2 的 ORB SLAM2 来实现。这不是一种 Python 实现。其中提供的指令可用于构建包，并用于查看视觉 SLAM。不过，出于演示的目的，在此将采用 Docker 容器版本。

Docker 是一个提供了环境分布式传送的容器平台，就像是被打包在一个容器中一样，另外，还提供了运行应用程序的代码。此处，需要安装 Docker 平台并提取环境映像以及代码。只要安装了 Docker 平台，映像中的环境就与所用平台无关。要了解更多关于 Docker 和容器的信息，下列网站提供了更多细节以及安装说明：https://www.docker.com/what-docker。

Docker 安装完成后，就可以执行 ORB SLAM2 的以下步骤。首先从提取 ORB SLAM 的 Docker 映像（类似于克隆资源库）开始，即

```
docker pull resbyte/orb-slam2
```

上述命令会下载包的环境并预编译 ORB SLAM2 资源库，这样就不必再次编译。在
Docker 映像中已满足该资源库的所有依赖项。

下载 Docker 映像后，就可以开始下载数据集。在本节中，将使用 TUM RGBD 数据集，
这是专门用于评估 SLAM 和 VO 方法的数据集。在本章前面的内容中，已介绍了如何下载
该数据集。接下来将介绍如何使用所提取的数据集。

由于该 ORB SLAM 实现是通过一个 GUI 来输出结果的，因此，首先需要将 GUI 添加
到 Docker 映像中。下列代码是假设在 Linux 环境下执行的。

对于 ORB SLAM 的 GUI 输出，需首先添加下行命令，否则，运行视觉 SLAM 将会
出错。

```
xhost +local:docker
```

接下来，利用 Docker 平台启动所下载的图像，需要设置一些参数，如下。

```
docker run -ti --rm   -e DISPLAY=$DISPLAY   -v /tmp/.X11-unix:/tmp/.X11-
unix   -v /home/rgbd_dataset_freiburg1_xyz:/root/rgbd_dataset_freiburg1_xyz
orb-slam:latest /bin/bash
```

其中，参数 -e 和 -v 是用于设置 GUI 的显示环境。通过 -v $PATH_TO_DOWNLOAD-
ED_DATASET:$PATH_INSIDE_DOCKER，可在 Docker 中共享之前下载的数据集。最后，
图像名称为 orb-slam:latest，这是之前利用 Docker pull 下载的图像，之后执行 /bin/bash 使之
可在 Docker 下运行 bash。

执行上述命令后，会观察到终端发生了变化，就像是登录到一个新的计算机终端。接
下来，继续运行 ORB-SLAM：

```
cd ORB_SLAM2

# 运行 orb slam
./Examples/Monocular/mono_tum Vocabulary/ORBvoc.txt
Examples/Monocular/TUM1.yaml /root/rgbd_dataset_freiburg1_xyz
```

其中，第一个参数是运行单目视觉 SLAM，并且还提供了其他方法。其他参数是运行之前下载的数据集类型。如果数据集有任何变化，则这些参数也将相应地更改。

执行该命令，一段时间后将会出现两个窗口，如图 8-7 所示。

此处，右侧窗口是输入数据集，以及在每帧中检测到的关键点。而左侧窗口显示了视觉 SLAM 的具体过程。由图 8-7 可见，蓝框显示了关键帧图的创建，以及相机位置的当前状态及其与之前位置的连接。随着数据集中的相机移动，则会创建图并在发现更多观察结果时进行调整。所得结果是相机的精确轨迹以及调整的关键点。

图　8-7

8.7　小结

本章旨在从几何角度来分析计算机视觉。首先从了解针孔相机的成像原理开始，讨论了如何利用多幅图像来拼接三维环境。然后，介绍了视觉里程计和视觉 SLAM。阐述说明了 SLAM 中涉及的各个步骤，并演示了一个 ORB SLAM 示例，以便了解 SLAM 的具体实现操作。基本动机是将 SLAM 解决方案扩展到其他数据集，从而可以创建更多的应用。

参考文献

- Sturm Jürgen, Nikolas Engelhard, Felix Endres, Wolfram Burgard, and Daniel Cremers. *A Benchmark for the Evaluation of RGB-D SLAM Systems*. In Intelligent Robots and Systems (IROS), 2012 IEEE/RSJ International Conference on, pp. 573-580. IEEE, 2012.
- Mur-Artal Raul, Jose Maria Martinez Montiel, and Juan D. Tardos. *ORB-SLAM: A Versatile and Accurate Monocular SLAM System*. IEEE Transactions on Robotics 31, no. 5 (2015): 1147-1163.
- Rublee Ethan, Vincent Rabaud, Kurt Konolige, and Gary Bradski. *ORB: an efficient alternative to SIFT or SURF*. In Computer Vision (ICCV), 2011 IEEE international conference on, pp. 2564-2571. IEEE, 2011.

第 *9* 章

计算机视觉中的数学

本书中，我们介绍了一些需要深厚数学背景知识的先进算法。本章首先描述一些前提条件，以及所需的 Python 实现代码。

本章的主要内容如下。

- 线性代数运算以及向量和矩阵的特性。
- 概率和常用概率函数。

9.1 数据集和库

在本章中，我们不使用特定的数据集，而是通过示例来表明数学原理。所用的库为 NumPy 和 SciPy。在第 2 章中，我们介绍了 Anaconda 工具的安装，其中已包括 NumPy 和 SciPy，因此，在此不需要进行新的安装操作。

如果未安装 Anaconda，那么需要安装 NumPy 和 SciPy，命令如下。

```
pip install numpy scipy
```

若要绘制图，需使用 matplotlib。这也是包含在 Anaconda 中的。但是，如果需要专门安装，则命令如下。

```
pip install matplotlib
```

在开始执行本章代码之前，还需导入以下常用的库。

```
import numpy as np
import scipy
import matplotlib.pyplot as plt
```

9.2　线性代数

计算机视觉工具和方法很大程度上依赖于线性代数运算。此处我们将大致阐述开发计算机视觉应用程序中所需的高级运算操作。

9.2.1　向量

在二维平面中，向量表示为点 $p = (x, y)$。

在此情况下，p 的幅值记为 $\|p\|$，并由下式给出，即

$$\|p\| = \sqrt{x^2 + y^2}$$

在 Python 中，向量记为一个一维数组，即

```
p = [1, 2, 3]
```

其中，常用特性是向量长度和向量大小，即

```
print(len(p))
```

```
>>> 3
```

常用的向量运算如下所示。

- 向量相加。

- 向量相减。

- 向量乘积。

- 向量范数。

- 正交性。

1. 向量相加

设两个向量分别为

```
v1 = np.array([2, 3, 4, 5])
v2 = np.array([4, 5, 6, 7])
```

则按元素相加后的结果向量如下。

```
print(v1 + v2)

>>> array([ 6, 8, 10, 12])
```

2. 向量相减

减法类似于加法，只不过不是按元素相加，而是计算按元素之差，即

```
v1 = np.array([2, 3, 4, 5])
v2 = np.array([4, 5, 6, 7])
print(v1 - v2)

>>> array([-2, -2, -2, -2])
```

3. 向量乘积

- **内积**：也称为点积，是指两个向量的元素积之和，即

$$inner(V_1, V_2) = \sum_i v_1^i \times v_2^i$$

式中，v_1^i 和 v_2^i 分别是向量 V_1 和 V_2 的第 i 个元素。

在 Python 中，可利用 NumPy 进行计算，即

```
v1 = np.array([2, 3, 4, 5])
v2 = np.array([4, 5, 6, 7])
print(np.inner(v1, v2))
```

```
>>> 82
```

● **外积**：是指取两个向量，并计算矩阵 $V_3 = V_1 \times V_2$。其中，V_3 中的每个元素 i 和 j 如下，即

$$v_3(i, j) = v_1^i \times v_2^i$$

在 Python 中，可使用下列代码计算即

```
v1 = np.array([2, 3, 4, 5])
v2 = np.array([4, 5, 6, 7])
print(np.outer(v1, v2))
```

```
>>> array([[ 8, 10, 12, 14],
[12, 15, 18, 21],
[16, 20, 24, 28],
[20, 25, 30, 35]])
```

4. 向量范数

向量 V 的第 l_p 阶范数如下：

$$\|V\|_p = \left(\sum_i^n |v_i|^p \right)^{1/p}$$

向量的两种常用范数形式为

● l_1 范数：记为 $\|V\|_1 = \sum_i |v_i|$，示例如下。

```
v = np.array([2, 3, 4, 5])
print(np.linalg.norm(v, ord=1))
```

```
>>>14.0
```

● l_2 范数：记为 $\|V\|_2 = \left(\sum_i |v_i|^2 \right)^{1/2}$，示例如下。

```
v = np.array([2, 3, 4, 5])
print(np.linalg.norm(v, ord=2))

>>>7.34846922835
```

5. 正交性

如果两个向量的内积为零，则称其为正交向量。从几何角度来看，如果两个向量垂直，则称其相互正交。

```
v1 = np.array([2, 3, 4, 5])
v2 = np.array([1,-1,-1,1]) #  v1与v2正交
np.inner(v1, v2)

>>> 0
```

9.2.2 矩阵

二维数组称为矩阵，且在计算机视觉中具有重要作用。数字世界中的图像是以矩阵表示，因此，下面所介绍的操作运算也适用于图像。

矩阵 A 记为

$$A = \begin{bmatrix} a_{11} & a_{12} & \cdots & a_{1n} \\ a_{21} & a_{22} & \cdots & a_{2n} \\ \vdots & \vdots & \vdots & \vdots \\ a_{m1} & a_{m2} & \cdots & a_{mn} \end{bmatrix}$$

此时，矩阵形状为 $m \times n$，即 m 行 n 列。若 $m = n$，则矩阵称为方阵。

在 Python 中，创建一个示例矩阵如下。

```
A = np.array([[1, 2, 3],[4, 5, 6], [7, 8, 9]])
```

输出如下。

```
print(A)

>>> array([[1, 2, 3],
[4, 5, 6],
[7, 8, 9]])
```

1. 矩阵运算

矩阵运算的执行与向量运算类似。唯一的区别在于执行这些运算操作的方式。具体细节请见下面内容。

（1）矩阵相加

要执行两个矩阵 A 和 B 的相加，这两个矩阵必须具有相同形状。加法运算是按元素相加以创建一个与 A 和 B 形状相同的矩阵 C。示例如下，即

```
A = np.array([[1, 2, 3],[4, 5, 6], [7, 8, 9]])
B = np.array([[1,1,1], [1,1,1], [1,1,1]])
C = A+B
print(C)

>>> array([[ 2, 3, 4],
[ 5, 6, 7],
[ 8, 9, 10]])
```

（2）矩阵相减

与矩阵相加一样，从矩阵 B 减去矩阵 A 也是需要这两个矩阵具有相同形状。所得矩阵 C 也与 A 和 B 的形状相同。下面是一个从 B 减去 A 的示例，即

```
A = np.array([[1, 2, 3],[4, 5, 6], [7, 8, 9]])
B = np.array([[1,1,1], [1,1,1], [1,1,1]])
C = A - B
print(C)

>>> array([[0, 1, 2],
[3, 4, 5],
[6, 7, 8]])
```

（3）矩阵乘积

设两个矩阵：A 为 $m \times n$，B 为 $q \times p$。在此假设 $n == q$。这时，分别为 $m \times n$ 和 $n \times p$ 的两个矩阵才可以满足矩阵乘法要求。矩阵乘积如下：

$$C = AB$$

式中，C 中的每个元素为

$$c_{i,j} = \sum_{k=1}^{n} a_{i,k} b_{k,j}$$

上述过程在 Python 中的执行代码如下。

```python
# 矩阵 A 的大小为(2×3)
A = np.array([[1, 2, 3],[4, 5, 6]])
# 矩阵 B 的大小为(3×2)
B = np.array([[1, 0], [0, 1], [1, 0]])
C = np.dot(A, B) # 大小为 (2×2)
print(C)

>>> array([[ 4, 2],
[10, 5]])
```

由于矩阵乘法取决于乘法的顺序，因此，颠倒顺序可能会产生不同的矩阵或由于大小不匹配而无法执行有效乘法。

至此，已介绍了矩阵的基本运算。接下来，我们将讨论矩阵的一些基本特性。

2. 矩阵特性

矩阵具有一些用于执行数学运算的特性。本节将进行详细介绍。

（1）转置

若将一个矩阵的行和列进行交换，则所得矩阵称为矩阵的转置，且对于原始矩阵 A，记为 A^{T}。一个转置矩阵示例如下。

```python
A = np.array([[1, 2, 3],[4, 5, 6]])
np.transpose(A)

>>> array([[1, 4],
[2, 5],
[3, 6]])
```

（2）单位矩阵

这是一种对角元素为 1，其余所有其他元素为零的特殊矩阵。

```
I = np.identity(3)  # 单位矩阵的大小
print(I)

>>> [[ 1. 0. 0.]
 [ 0. 1. 0.]
 [ 0. 0. 1.]]
```

单位矩阵的一个重要特性是执行矩阵乘法后不会改变目标矩阵，即 $C = AI$ 或 $C = IA$ 都将导致 $C = A$。

（3）对角矩阵

对角矩阵是将单位矩阵的定义进行扩展，即沿主对角线的矩阵项非零，而其余项为零。一个示例如下。

```
A = np.array([[12,0,0],[0,50,0],[0,0,43]])

>>> array([[12, 0, 0],
 [ 0, 50, 0],
 [ 0, 0, 43]])
```

（4）对称矩阵

在对称矩阵中，元素满足一个特性：$a_{i,j} = a_{j,i}$。对于一个给定的对称矩阵，这一元素特性也可利用转置方式定义为 $A^{\mathrm{T}} = A$。

设一个非对称方阵（大小为 $n \times n$），即

```
A = np.array([[1, 2, 3],[4, 5, 6], [7, 8, 9]])
```

计算其转置为

```
A_T = np.transpose(A)

>>> [[1 4 7]
 [2 5 8]
 [3 6 9]]
```

可证明 $A + A^{\mathrm{T}}$ 为一个对称矩阵，即

```
print(A + A_T)
```

```
>>> [[ 2 6 10]
 [ 6 10 14]
 [10 14 18]]
```

由此可见，元素满足 $a_{i,j} = a_{j,i}$。

另外，还可计算反对称矩阵为 $A - A^\mathrm{T}$，其中各个元素满足 $a_{i,j} = -a_{j,i}$，即

```
print(A - A_T)
```

```
>>> [[ 0 -2 -4]
 [ 2 0 -2]
 [ 4 2 0]]
```

由此产生了一个重要特性，即可将任一方阵分解为对称矩阵和反对称矩阵之和，如下：

$$A = 0.5 * (A + A^\mathrm{T}) + 0.5 * (A - A^\mathrm{T})$$

Python 脚本的实现过程如下所示。

```
symm = A + A_T
anti_symm = A - A_T
print(0.5*symm + 0.5*anti_symm)
```

```
>>> [[ 1. 2. 3.]
 [ 4. 5. 6.]

 [ 7. 8. 9.]]
```

（5）矩阵的迹

矩阵的迹是指矩阵所有对角元素之和，即

```
A = np.array([[1, 2, 3],[4, 5, 6], [7, 8, 9]])
```

```
np.trace(A)
```

（6）行列式

从几何上，矩阵行列式的绝对值是指以矩阵每一行为向量所包围的体积。可计算如下。

```
A = np.array([[2, 3],[ 5, 6]])
print(np.linalg.det(A))

>>> -2.999999999999982
```

（7）矩阵范数

与上节中向量的范数公式类似，在矩阵中，最常见的范数类型是 Frobenius 范数，即

$$\|A\| = \sqrt{\left(\sum_i \sum_j a_{i,j}^2\right)} = \sqrt{tr(A^{\mathrm{T}} A)}$$

在 Python 中，计算该范数为

```
A = np.array([[1, 2, 3],[4, 5, 6], [7, 8, 9]])
np.linalg.norm(A)

>>> 16.881943016134134
```

（8）矩阵求逆

矩阵的逆矩阵，记为 A^{-1}，其具有一个重要特性：$AA^{-1} = I = A^{-1}A$。

每个矩阵的逆矩阵都是唯一的；但是，并非所有矩阵都有逆矩阵。一个矩阵的逆矩阵示例如下。

```
A = np.array([[1, 2, 3],[5, 4, 6], [9, 8, 7]])
A_inv = np.linalg.inv(A)
print(A_inv)

>>>[[ -6.66666667e-01 3.33333333e-01 4.93432455e-17]
[ 6.33333333e-01 -6.66666667e-01 3.00000000e-01]
[ 1.33333333e-01 3.33333333e-01 -2.00000000e-01]]
```

此时，如果计算 A 和 A^{-1} 的乘积，可得结果如下。

```
np.dot(A, A_inv)

>>> [[ 1.00000000e+00 1.66533454e-16 -5.55111512e-17]
[ 3.33066907e-16 1.00000000e+00 1.11022302e-16]
[ 8.32667268e-16 -2.77555756e-16 1.00000000e+00]]
```

由上可见，对角线元素为 1，而所有其他元素接近于 0。

（9）正交矩阵

与方阵相关的另一个性质是正交性，即 $A^{\mathrm{T}}A = I$ 或 $AA^{\mathrm{T}} = I$。由此可得 $A^{\mathrm{T}} = A^{-1}$。

（10）计算特征值和特征向量

方阵 A 的特征值 λ 具有一种性质，即以特征向量 x 进行的任何变换都等效于 A 的标量乘积：

$$Ax = \lambda x, \quad x \neq 0$$

要计算 A 的特征值和特征向量，需要求解下列的特征方程，即

$$|\lambda I - A| = 0$$

式中，I 是与 A 大小相同的单位矩阵。

利用 NumPy 来实现的代码如下。

```
A = np.array([[1, 2, 3],[5, 4, 6], [9, 8, 7]])
eigvals, eigvectors = np.linalg.eig(A)
print("Eigen Values: ", eigvals)
print("Eigen Vectors:", eigvectors)

>>> Eigen Values: [ 15.16397149 -2.30607508 -0.85789641]
Eigen Vectors: [[-0.24668682 -0.50330679 0.54359359]
[-0.5421775 -0.3518559 -0.8137192 ]
[-0.80323668 0.78922728 0.20583261]]
```

9.2.3 Hessian 矩阵

通过计算 A 中每个元素上的偏导可得 A 的一阶梯度矩阵：

$$\nabla_A f(A) = \begin{pmatrix} \dfrac{\partial f(A)}{\partial a_{11}} & \dfrac{\partial f(A)}{\partial a_{12}} & \cdots & \dfrac{\partial f(A)}{\partial a_{1n}} \\ \dfrac{\partial f(A)}{\partial a_{21}} & \dfrac{\partial f(A)}{\partial a_{22}} & \cdots & \dfrac{\partial f(A)}{\partial a_{2n}} \\ \vdots & \vdots & \vdots & \vdots \\ \dfrac{\partial f(A)}{\partial a_{m1}} & \dfrac{\partial f(A)}{\partial a_{m2}} & \cdots & \dfrac{\partial f(A)}{\partial a_{mn}} \end{pmatrix}$$

同理，函数 f 对于 A 的二阶梯度如下：

$$\nabla_A^2 f(A) = \begin{pmatrix} \dfrac{\partial^2 f(A)}{\partial a_{11}^2} & \dfrac{\partial^2 f(A)}{\partial a_{12}^2} & \cdots & \dfrac{\partial^2 f(A)}{\partial a_{1n}^2} \\ \dfrac{\partial^2 f(A)}{\partial a_{21}^2} & \dfrac{\partial^2 f(A)}{\partial a_{22}^2} & \cdots & \dfrac{\partial^2 f(A)}{\partial a_{2n}^2} \\ \vdots & \vdots & \vdots & \vdots \\ \dfrac{\partial^2 f(A)}{\partial a_{m1}^2} & \dfrac{\partial^2 f(A)}{\partial a_{m2}^2} & \cdots & \dfrac{\partial^2 f(A)}{\partial a_{mn}^2} \end{pmatrix}$$

Hessian 矩阵记为 $\det(\nabla_A^2 f(A))$。

9.2.4　奇异值分解

奇异值分解（SVD）是用于将矩阵 A 分解为 $U\Sigma V^{-1}$，式中，U 和 V^{-1} 为正交矩阵，Σ 为对角矩阵，即

```
A = np.array([[1, 2, 3],[5, 4, 6], [9, 8, 7]])
U, s, V = np.linalg.svd(A, full_matrices=True)
```

9.3　概率论简述

你在大学期间或其他地方的一些课程中应该已学习过概率论。本节旨在查缺补漏，以便于构建需要概率论知识的一些计算机视觉算法。在计算机视觉中使用概率论的动机在于建立不确定性模型。

9.3.1　什么是随机变量

随机变量是用于以实数形式定义一个事件的可能性。通过执行某些假设，其所表示的值具有随机性，可将其限制在某一给定范围内。在介绍随机变量之前，需要计算一个近似其特性或假设的函数，并通过实验证明该假设函数。这些函数有两种类型。

● 在离散域中，随机变量的值是离散的。用于建立概率模型的函数称为概率质量函数（Probability Mass Function，PMF）。例如，设 x 为离散随机变量，其 PMF 由 $P(x = k)$ 确定，其中，k 是随机变量 x 的 K 个不同值之一。

● 在连续域中，建立随机变量模型的函数称为概率密度函数（Probability Density Function，PDF），其中，取随机变量的连续域值来生成概率 $p(x)$。

9.3.2　期望

对于离散随机变量 x，函数 f 的期望定义为

$$\mathbb{E}_{x \sim P}[f(x)] = \sum_x P(x)f(x)$$

式中，$p(x)$ 为概率质量函数。

对于连续随机变量 x，函数 f 的期望定义为

$$\mathbb{E}_{x \sim P}[f(x)] = \int p(x)f(x)\mathrm{d}x$$

9.3.3　方差

为测量随机变量的集中程度，需使用方差。从数学上，方差定义为

$$Var[x] = \mathbb{E}[(x - \mathbb{E}(x))^2]$$

上式也可转换为

$$Var[x] = \mathbb{E}[x^2] - \mathbb{E}[x]^2$$

9.3.4　概率分布

在下列内容中将详细介绍各种概率分布。

1. 伯努利分布

在伯努利分布中，函数定义如下：

$$p(x) = \begin{cases} p & k=1 \\ 1-p & k=0 \end{cases}$$

式中，参数为 p，并可利用 SciPy 来实现的代码如下。

```
from scipy.stats import bernoulli
import matplotlib.pyplot as plt

# 伯努利分布的参数
p = 0.3
# 创建随机变量
random_variable = bernoulli( p)
```

2. 二项分布

在二项分布中，函数定义为 $p(x) = \binom{n}{x} p^x (1-p)^{n-x}$，其中参数为 n 和 P。可利用 SciPy 进行建模，代码如下。

```
from scipy.stats import binom
import matplotlib.pyplot as plt

# 二项分布的参数

n = 10
p = 0.3

# 创建随机变量
random_variable = binom(n, p)

# 计算概率质量函数
x = scipy.linspace(0,10,11)

# 绘图
plt.figure(figsize=(12, 8))
plt.vlines(x, 0, random_variable.pmf(x))
plt.show()
```

结果如图 9-1 所示。

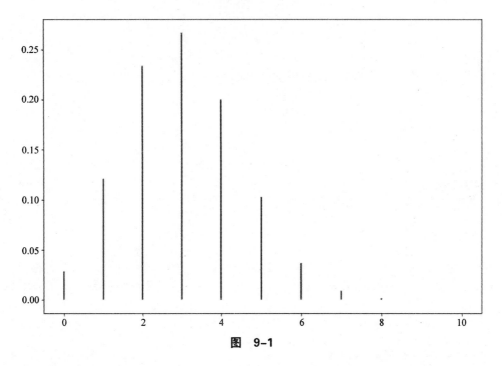

图　9-1

3. 泊松分布

泊松分布函数如下：

$$p(x) = \exp(-\lambda)\frac{\lambda^x}{x!}$$

式中，参数为 λ，SciPy 中的一个示例脚本如下。

```python
from scipy.stats import poisson
import matplotlib.pyplot as plt

# 泊松分布的参数
lambda_ = 0.1

# 创建随机变量
random_variable = poisson(lambda_)

# 计算概率质量函数
x = scipy.linspace(0,5,11)

# 绘图
plt.figure(figsize=(12, 8))
plt.vlines(x, 0, random_variable.pmf(x))
plt.show()
```

4. 均匀分布

若满足下式，则认为 a 和 b 之间服从均匀分布，即

$$p(x) = \begin{cases} \dfrac{1}{b-a} & a \leq x \leq b \\ 0 & \text{其余} \end{cases}$$

5. 高斯分布

高斯分布是计算机视觉中最常用的一种分布，定义如下：

$$p(x) = \frac{1}{\sqrt{2\pi}\sigma} \exp\left(-\frac{(x-\mu)^2}{2\sigma^2}\right)$$

式中，参数 μ 和 σ 分别称为均值和方差。若 μ 为 0 且 σ 为 1，此时为一种特殊情况，称为正态分布。利用 SciPy 来实现的代码如下。

```
from scipy.stats import norm
import matplotlib.pyplot as plt
import scipy

# 创建随机变量
random_variable = norm()

# 计算概率质量函数
x = scipy.linspace(-5,5,20)

# 绘图
plt.figure(figsize=(12, 8))
plt.vlines(x, 0, random_variable.pdf(x))
plt.show()
```

所得结果如图 9-2 所示。

9.3.5　联合分布

联合分布用于两个随机变量，例如如果想要得到与之相关联的两个事件同时发生的有效概率。设 x 和 y 为两个随机变量，其联合分布函数记为 $P(x, y)$。

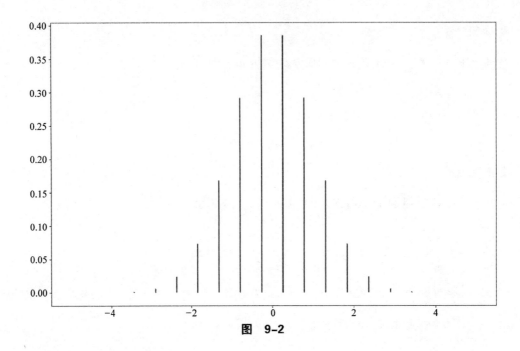

图 9-2

9.3.6 边缘分布

在联合分布情况下，若想知道一个事件的概率密度函数，假设可以观察所有其他事件，这称为边缘分布，其定义如下：

$$P_y(y) = \int P(x, y)\mathrm{d}x$$

在离散情况下，边缘分布定义为

$$P_y(y) = \sum_x P(x, y)$$

此时，是计算相对于 x, y 的边缘分布。

9.3.7 条件分布

在已知其中一个随机变量值之后计算概率。在数学上，这记为对于已知变量 y 的

$P_{x|y}(x\,|\,y)$，且与联合概率分布的关系如下：

$$P_{x|y}(x\,|\,y) = \frac{P(x,y)}{p_y(y)}$$

式中，$P(x,y)$ 为联合分布；$P_y(y)$ 为边缘分布。

9.3.8 贝叶斯定理

在许多计算机视觉应用中，隐式使用的一个重要定理即贝叶斯定理，这是在连续随机变量情况下将条件概率扩展为

$$P_{x|y}(x\,|\,y) = \frac{P(x,y)}{p_y(y)} = \frac{P_{y|x}(y\,|\,x)P_x(x)}{p_y(y)}$$

式中，

$$P_y(y) = \int_{-\infty}^{\infty} P_{y|x}(y\,|\,x')P_x(x')\mathrm{d}x'$$

9.4 小结

本章主要阐述了计算机视觉算法中的一些先决条件。这里所介绍的线性代数表达式主要是用于图像的几何调整，如平移、旋转等。

概率方法在一系列应用中都得到广泛使用，包括但不限于目标检测、分割和跟踪等应用。因此，充分理解这些先决条件将有利于更快、更高效地实现应用程序。

第 *10* 章

计算机视觉中的机器学习

本章将对机器学习相关理论和图像分类、目标检测等开发应用中常用的工具进行概述。利用广泛的通信工具和广泛应用的摄像头传感器，现在可以获取大量的图像数据。利用这些数据来开发计算机视觉应用需要理解机器学习的一些基本概念。

首先解释什么是机器学习，然后讨论不同类型的相关算法。

10.1 什么是机器学习

假设已具有一些手写体数字的扫描图像，并想要开发一个程序能识别扫描图像中的手写体数字。为简便起见，设仅有一个数字。开发的目标软件读取该图像，并输出与图像相对应的数字。我们可以创建一个具有多个检查的算法，例如，如果有一条竖直线，就输出 1，或如果有一个形状，就显示为 0。但这非常简单，且并不是一个好的方法，因为其他数字也有竖直线，如 7、9 等。图 10-1 表明了整个过程，从 MNIST 手写体数字数据集中取一个样本。

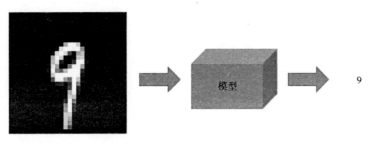

图 10-1

现有多种方法来对上述问题进行建模。已知图像是由像素数组组成的，且每个像素中包含了灰度值。在图 10-1 中，每个像素的值都是二进制数，一种简单直观的方法是计算图像的均值。根据均值大小，可定义一个函数，如均值位于某一区间，则为数字 9 的图像；同理，对于其他数字，也可采用同样方法。在整个处理过程中，参数是每个数字图像的取值范围，且这些取值区间可以是直观设置也可通过经验学习而得。

但是，这种检测图像中数字的方法容易出错，且效率较低。模型参数只适用于特定的图像集合，且根据经验很难确定合适的取值范围值。机器学习方法针对该问题就具有重要作用。在机器学习方法中，对应于待识别的数字，采用一个输出大小为 10 的数组的函数。每个数组值对应图像中数字的概率。概率最大的数字即为所识别的数字。此处，尽管对输出进行了建模，但输入仍是图像均值（不同图像变化不大）。为此，不利用均值，而是利用整幅图像的像素值，并将像素值与输出概率直接对应。由此，即可反映图像中的更多变量，这也是计算机视觉中的一种常用方法。

对于机器学习的理解可通过针对该问题的数学建模问题来进一步深入，如下所示：

$$Y = F_\theta(X)$$

式中，X 是模型输入；Y 是模型输出。在上例中，这分别是图像数组和概率数组。F 为所创建的机器学习模型，θ 为 F 的参数。

10.2　机器学习技术分类

上节介绍了机器学习以及一个数字图像建模示例。现在，我们简单介绍各种不同类型的机器学习方法。

10.2.1　监督式学习

在监督式学习中，会提供模型输入数据集和模型期望输出数据集。目标是创建一个模型以使得针对所有未知数据能够得到尽可能符合实际的值。现有两种类型的监督式学习方法。

1. 分类

分类是针对模型输出为类别的情况。例如，在数字分类示例中，输出即为 10 个不同的数字之一。

2. 回归

回归是指输出为连续值时的情况，例如，线性拟合模型。在该模型中，目标是尽可能逼近一条曲线使得模型输出为某一范围内的值。

10.2.2　无监督式学习

在无监督式机器学习中，并未给出具体输出的任何数据集。相反，模型应能够根据给定输入寻找可能的输出。例如，在上述手写体数字图像中，在某些文本中，希望估计所有可能的数字。假设事先未知文本中究竟存在多少种不同的数字。在这种情况下，模型应能够判别近似哪个数字。一种可行方法是从图像中分割出数字区域，并近似拟合成线、圆、矩形等基本形状。

10.3　维度灾难

给定不同类型的机器学习方法，了解建模所面临的挑战非常重要。此处以上述数字分类方法为例。之前是将所有像素值作为输入来进行建模。输入的维度为图像尺寸大小，即长宽高。这可能从几百到几千不等。该大小即为输入维度，且随着尺寸增大，计算量及不确定性也会相应增大。如果输入维度增加，要得到更好的估计结果就需要一个更大的模型，这称为维度灾难。

为解决这一问题，强烈建议减少输入维度。例如，可以提取较强的特征，并将其作为模型的输入，而不是以像素值为输入。这样可将显著降低输入维度，并可能会提高模型的整体性能。

10.4　机器学习的滚球视角

为学习模型参数，可创建一个成本函数或目标函数，并使其最小化。目标函数的最小值将给出模型的最佳参数。例如，设模型 $F_\theta(X)$ 来预测 Y 值，且给定模型的输入和输出数据集。然后，学习模型还需要更新参数 θ 以获得最佳性能。

为了使模型具有学习功能，其采用了参数更新规则。这是通过估计模型预估值与目标值之间的不同程度，并更新参数以减小两者间的差异来实现的。经过多次迭代后，差值越来越小，直到一旦足够小，即认为模型已学习到最佳参数。一个形象化的解释如图 10-2 所示。

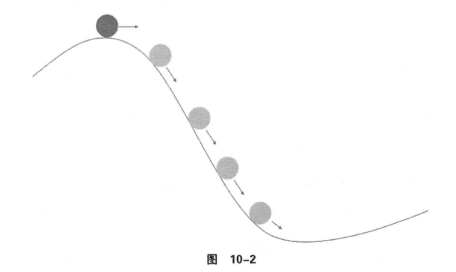

图　10-2

模型的学习过程类似于一个滚球。这是一个迭代过程，每次迭代过程之后，参数都会更新。更新结果会导致参数使得目标函数最小化。这种最小化过程可表示为在斜坡上向下推动一个球。最佳参数相当于球位于坡底时的模型状态。

10.5　常用工具

本节将介绍在创建机器学习模型时所用的一些工具。此处，我们将使用 scikit-learn 软件包，其在其他许多库中也存在。整体功能和目的保持不变。

10.5.1　预处理

在分类或回归等任务的设置中，输入和目标标记的预处理与模型一样重要。所用的一些方法如下。

1. 归一化

为便于模型通过训练集来学习正确的参数，需要将这些值归一化到通常为 0 ~ 1 的较小范围内。

2. 噪声

为提高系统鲁棒性，还可以在输入值中添加少量的高斯噪声。在图像作为输入的情况下，噪声通常是椒盐噪声。

10.5.2　后处理

在分类情况下，模型输出是一组概率。为计算输入的预测标签，采用数组的最大值索引。

在回归情况下，模型输出通常是 0 ~ 1 之间的归一化值。这需要再将输出重新缩放到原始大小范围。

10.6　评估

一旦训练好模型，之后进行模型评估时，就必须检查其整体有效性。在二元分类问题中，是通过下列输出值来进行评估的。此处，假设要评估针对类别 A 的模型性能。

● 真阳性（TP）：给定标记 A 中的一个样本，输出也分类为 A

● 真阴性（TN）：给定标记 A 中的一个样本，输出分类为 B

● 假阳性（FP）：给定标记 B 中的一个样本，输出分类为 A

● 假阴性（FN）：给定标记 B 中的一个样本，输出分类为 B

这是针对评估集，根据该集合，可以计算以下参数。

10.6.1　准确率

准确率是表明所得结果与目标值的精确程度。计算如下：

$$\text{Precision} = \frac{\text{TP}}{\text{TP+TN}}$$

利用 scikit-learn，具体实现代码如下。

```
from sklearn.metrics import precision_score
true_y = .... # 真实数据值
pred_y = .... # 模型输出值


precision = precision_score(true_y, pred_y, average='micro')
```

10.6.2　召回率

召回率是表明有多少结果是真正相关的。计算如下：

$$\text{Recall} = \frac{\text{TP}}{\text{TP+FN}}$$

利用 scikit-learn，具体实现代码如下：

```
from sklearn.metrics import recall_score
true_y = .... # 真实数据值
pred_y = .... # 模型输出值


recall = recall_score(true_y, pred_y, average='micro')
```

10.6.3　F- 分数

利用准确率和召回率，还可计算 F- 分数（特别是总体评估的 F1 得分）。具体如下：

$$F1\text{-score} = 2 \times \frac{\text{Precision.Recall}}{\text{Precision} + \text{Recall}}$$

利用 scikit-learn，具体实现代码如下。

```
from sklearn.metrics import f1_score
true_y = .... # 真实数据值
pred_y = .... # 模型输出值


f1_value = f1_score(true_y, pred_y, average='micro')
```

10.7　小结

本章主要概述了研究机器学习涉及的相关工具，并补充阐述了本章提出的几种算法。

考虑到维度灾难问题、学习概述和模型评估，可以利用机器学习方法创建更好的计算机视觉应用程序。